ひろって調べる 落ち葉のずかん

落叶
观察手册

[日] 安田守——著　　[日] 中川重年——编

吴巧雪——译

北京时代华文书局

叶的术语

叶尖
（先端）

主脉　　侧脉

叶片
（叶片长度）

叶缘

腺体

叶柄

叶基
（基部）

（叶上表面）　　单叶　　（叶下表面）

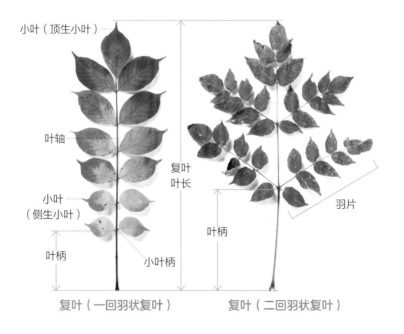

小叶（顶生小叶）

叶轴

复叶
叶长

小叶
（侧生小叶）

羽片

叶柄

叶柄

小叶柄

复叶（一回羽状复叶）　　复叶（二回羽状复叶）

叶序

互生
叶交错着生于枝上

对生
叶相对着生于枝上

轮生
叶环列于枝上

簇生
叶聚集在一起生于枝上

树高分类法

乔木[1]	灌木	木质藤本（藤本）
6米以上的树	6米以下的树	缠绕在其他树上（无高度数据）

[1] 乔木还可依高度细分为伟乔（31米以上）、大乔（21～30米）、中乔（11～20米）、小乔（6～10米）。

种、亚种、变种、品种

在生物学上可以归为同类的被称为"种"。若同种间表现出了微妙的差异，则使用更细的"亚种""变种""品种"对其进行分类。本书主要介绍"种"，同时也会介绍部分"亚种""变种"和"品种"。

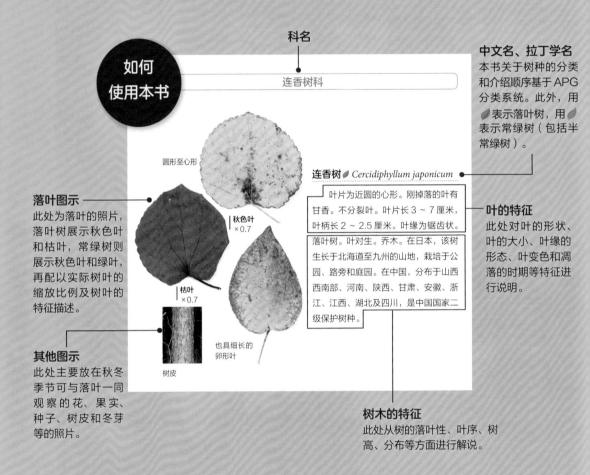

如何使用本书

科名

连香树科

中文名、拉丁学名
本书关于树种的分类和介绍顺序基于 APG 分类系统。此外，用 🍃 表示落叶树，用 🍃 表示常绿树（包括半常绿树）。

圆形至心形

落叶图示
此处为落叶的照片，落叶树展示秋色叶和枯叶，常绿树则展示秋色叶和绿叶，再配以实际树叶的缩放比例及树叶的特征描述。

秋色叶
×0.7

枯叶
×0.7

连香树 🍃 *Cercidiphyllum japonicum*

叶片为近圆的心形。刚掉落的叶有甘香。不分裂。叶片长 3 ~ 7 厘米，叶柄长 2 ~ 2.5 厘米。叶缘为锯齿状。

落叶树。叶对生。乔木。在日本，该树生长于北海道至九州的山地，栽培于公园、路旁和庭园。在中国，分布于山西西南部、河南、陕西、甘肃、安徽、浙江、江西、湖北及四川，是中国国家二级保护树种。

叶的特征
此处对叶的形状、叶的大小、叶缘的形态、叶变色和凋落的时期等特征进行说明。

也具细长的卵形叶

树皮

其他图示
此处主要放在秋冬季节可与落叶一同观察的花、果实、种子、树皮和冬芽等的照片。

树木的特征
此处从树的落叶性、叶序、树高、分布等方面进行解说。

落叶……指从树枝上脱落的树叶，也指树叶掉落这种现象。

绿叶……指绿色的树叶。绿叶通常不会自然掉落，但有时也会被强风吹落到地上。

秋色叶……指变了色的树叶。秋色叶常见于色彩艳丽的落叶树，以红叶较为普遍。除红色外，秋色叶还有其他各种颜色，如黄色、褐色等。

枯叶……指枯萎变干的树叶。枯叶一般会掉落，但也有一些树种的枯叶会长期留在枝头。

银杏的落叶

落叶是什么

秋天的山野里，落叶随处可见。有椭圆形、圆形、心形或如针般细长的叶；也有比手掌大许多的叶，小到手指捏不住的叶……仔细一看，落叶的颜色、形状、大小都各不相同。人们在碰到绚丽多彩或奇形怪状的落叶时，会忍不住想拾起，在脑海中浮现出这样的问题：这是哪种树的落叶？

所谓落叶，是指脱离树枝、向下掉落的树叶。落叶不单有变干发黑的枯叶，也包括残留着美丽的红色或黄色的秋色叶和被强风吹落的绿叶。

本书是根据我在山野、公园收集的落叶制作而成的《落叶观察手册》。书里介绍了约 260 种生活中常见的、具有特征性的落叶。此外，本书还针对落叶之树和依落叶而生的生物进行了解说，希望能为大家观察落叶提供一些帮助。

树叶通常长在高高的枝头，难以凑近一看。落叶却赋予了我们弯腰拾起、仔细观察它的机会。秋冬落叶季是认识树木的好时节。在校园、公园或偶尔才造访的郊外森林里，捡起落在脚边的落叶，以它为线索，一边散步一边观赏树木吧。

目录

上篇

观察落叶
(图鉴篇)

下篇

了解落叶
(解说篇)

上篇

观察落叶
（图鉴篇）

落叶观察法
落叶一览表
落叶的解说

落叶观察法

　　当人们碰见感兴趣的落叶时，脑海中最先浮现的应该是"这是什么叶子？"这个问题吧。弄清落叶的种类，便能知晓植物的特征，说不定还会因此对落叶的过去产生兴趣。在花繁叶茂或硕果累累的季节，落叶又是一副什么模样呢？识叶，是识树的重要敲门砖。

观察落叶的要点

　　首先观察落叶，对照本书的《落叶一览表》（8～22 页），从中寻找具备相似特征的落叶，然后翻到其对应的解说页查阅。观察落叶时应重点关注以下几个方面。

● **叶的类型**

单叶

针形叶	鳞形叶	分裂叶	不分裂叶
叶片如针一般细长	小鳞片状的叶片串联在一起	叶片分裂	叶片不分裂

赤松	龙柏	鸡爪槭	圆齿水青冈

复叶

三出复叶	掌状复叶	羽状复叶
3 片小叶着生	小叶呈放射状着生	多枚小叶呈羽状排列

日本楤叶五加	日本七叶树	多花紫藤

●叶的形状

线形
细长

金松

圆形
接近正圆形

连香树

椭圆形
叶中部宽

昌化鹅耳枥

卵形
叶尾端宽

榉树

倒卵形
叶先端宽

日本辛夷

狭卵形（披针形）
细长卵形

日本鹅耳枥

狭倒卵形（倒披针形）
细长倒卵形

枇杷

长椭圆形
细长椭圆形

胡颓子

●叶的边缘

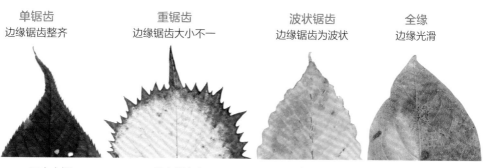

单锯齿
边缘锯齿整齐

日本山樱

重锯齿
边缘锯齿大小不一

日本领春木

波状锯齿
边缘锯齿为波状

圆齿水青冈

全缘
边缘光滑

柿

● 叶的大小

以左侧标尺为参考，测量落叶的长度。单叶测量叶片和叶柄的长度，复叶测量整体和小叶的长度。

● 是落叶树还是常绿树

通过观察冬天树上是否有绿叶来判断。若不清楚叶来自哪棵树，则根据其厚度或硬度推测。

落叶树
树叶大多质薄而软

麻栎

冬天树叶会掉落

常绿树
树叶大多质厚而硬

山茶

冬天树上也有绿叶

除此之外，叶尖和叶基的形状、叶脉的排列方式、是否被毛（用放大镜观察）等也是识别的要点。

注意叶在大小或形状上的差异

　　即便是同一种树的树叶，也会在大小和形状上产生差异，有些树的叶形差别过大，甚至会让人误以为那些树叶来自不同种的树。

叶的大小和形状的差异是如此之大
（枹栎）

同时拥有分裂叶和三出复叶
（地锦）

同时拥有不分裂叶和分裂叶
（桑）

树叶原本的样子

复叶凋落时，小叶易散开。一边想象树叶原本的模样，一边观察吧。

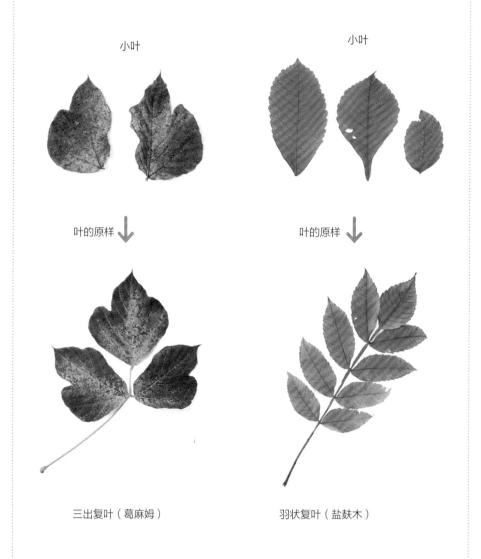

小叶　　　　　　　　　　　　　小叶

叶的原样 ↓　　　　　　　　　叶的原样 ↓

三出复叶（葛麻姆）　　　　　羽状复叶（盐麸木）

同时参考其他特征

　　若能找到树叶属于哪棵树，可以接着观察该树的树皮、冬芽、果实、种子、叶的着生方式等，了解这些特征会更有助于识别树木。

日本辛夷的冬芽

北美枫香的果实

白桦的树皮

大花四照花的冬芽

欧洲云杉的果实

朝鲜木姜子的树皮

落叶一览表

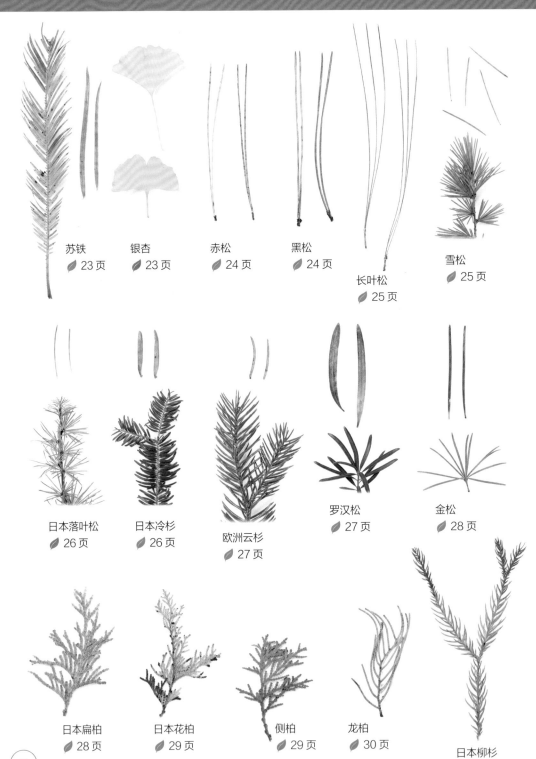

苏铁
🌿 23页

银杏
🌿 23页

赤松
🌿 24页

黑松
🌿 24页

长叶松
🌿 25页

雪松
🌿 25页

日本落叶松
🌿 26页

日本冷杉
🌿 26页

欧洲云杉
🌿 27页

罗汉松
🌿 27页

金松
🌿 28页

日本扁柏
🌿 28页

日本花柏
🌿 29页

侧柏
🌿 29页

龙柏
🌿 30页

日本柳杉
🌿 30页

杜松
🌿 31 页

水杉
🌿 31 页

落羽杉
🌿 32 页

日本粗榧
🌿 32 页

日本榧
🌿 33 页

东北红豆杉
🌿 33 页

日本莽草
🌿 34 页

荷花玉兰
🌿 34 页

日本辛夷
🌿 35 页

玉兰
🌿 35 页

日本厚朴
🌿 36 页

北美鹅掌楸
🌿 36 页

蜡梅
🌿 37 页

巴婆
🌿 37 页

舟山新木姜子
🌿 38 页

月桂
38 页

薮肉桂
39 页

樟
39 页

红楠
40 页

朝鲜木姜子
40 页

大叶钓樟
41 页

大果山胡椒
41 页

山胡椒
42 页

三桠乌药
42 页

棕榈
43 页

菝葜
43 页

日本领春木
44 页

日本野木瓜
44 页

木通
45 页

三叶木通
45 页

木防己
46 页

南天竹
46 页

台湾十大功劳
47 页

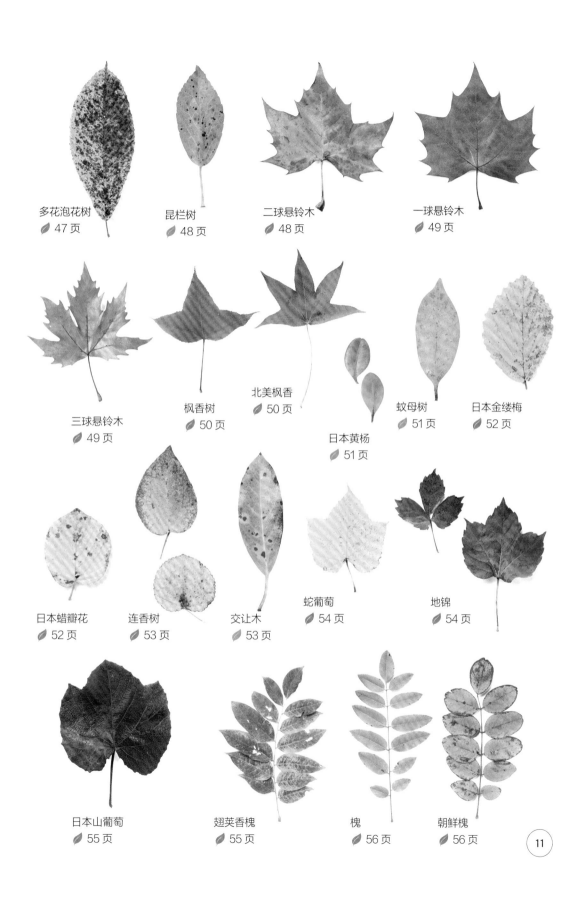

多花泡花树
● 47页

昆栏树
● 48页

二球悬铃木
● 48页

一球悬铃木
● 49页

三球悬铃木
● 49页

枫香树
● 50页

北美枫香
● 50页

日本黄杨
● 51页

蚊母树
● 51页

日本金缕梅
● 52页

日本蜡瓣花
● 52页

连香树
● 53页

交让木
● 53页

蛇葡萄
● 54页

地锦
● 54页

日本山葡萄
● 55页

翅荚香槐
● 55页

槐
● 56页

朝鲜槐
● 56页

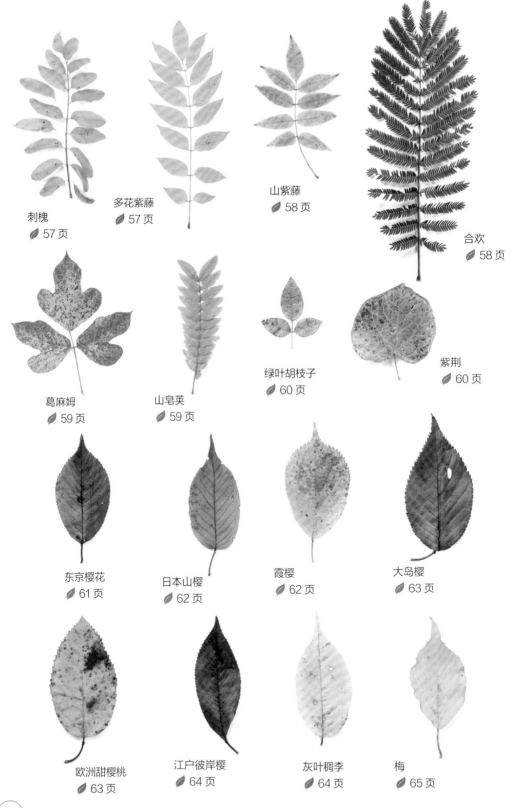

刺槐
57 页

多花紫藤
57 页

山紫藤
58 页

合欢
58 页

葛麻姆
59 页

山皂荚
59 页

绿叶胡枝子
60 页

紫荆
60 页

东京樱花
61 页

日本山樱
62 页

霞樱
62 页

大岛樱
63 页

欧洲甜樱桃
63 页

江户彼岸樱
64 页

灰叶稠李
64 页

梅
65 页

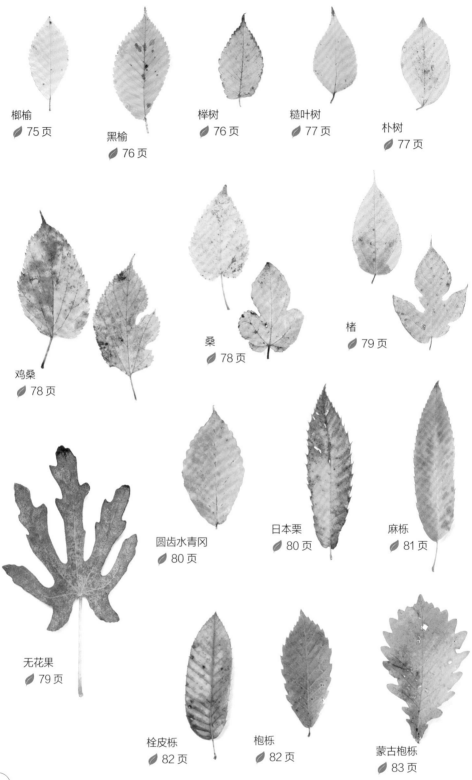

榔榆
🍃 75 页

黑榆
🍃 76 页

榉树
🍃 76 页

糙叶树
🍃 77 页

朴树
🍃 77 页

鸡桑
🍃 78 页

桑
🍃 78 页

楮
🍃 79 页

无花果
🍃 79 页

圆齿水青冈
🍃 80 页

日本栗
🍃 80 页

麻栎
🍃 81 页

栓皮栎
🍃 82 页

枹栎
🍃 82 页

蒙古枹栎
🍃 83 页

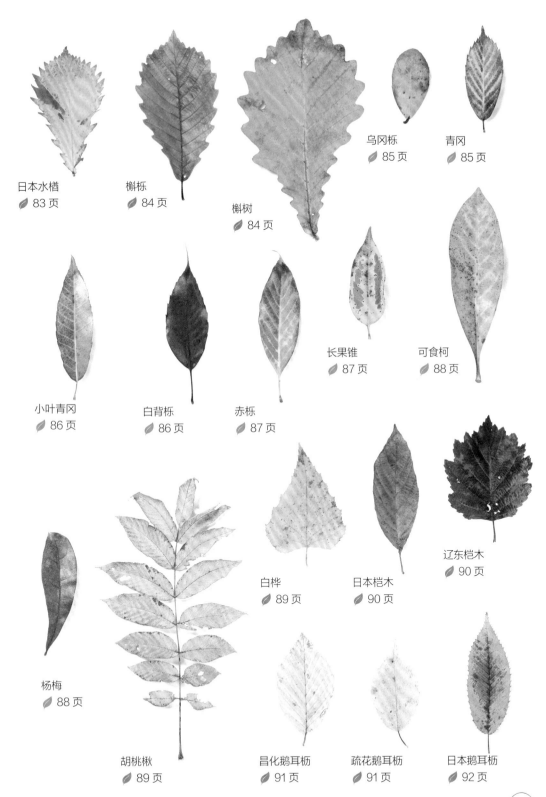

日本水楢
🍃 83 页

槲栎
🍃 84 页

槲树
🍃 84 页

乌冈栎
🍃 85 页

青冈
🍃 85 页

小叶青冈
🍃 86 页

白背栎
🍃 86 页

赤栎
🍃 87 页

长果锥
🍃 87 页

可食柯
🍃 88 页

杨梅
🍃 88 页

胡桃楸
🍃 89 页

白桦
🍃 89 页

日本桤木
🍃 90 页

辽东桤木
🍃 90 页

昌化鹅耳枥
🍃 91 页

疏花鹅耳枥
🍃 91 页

日本鹅耳枥
🍃 92 页

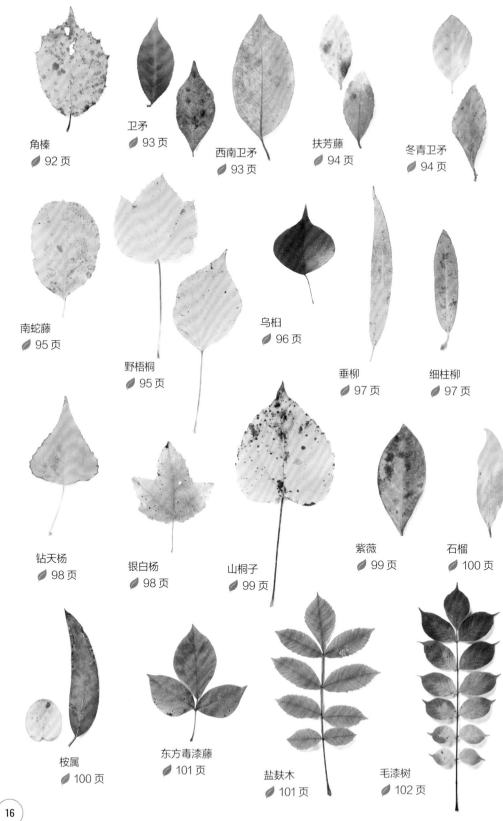

角榛

卫矛
93 页

西南卫矛
93 页

扶芳藤
94 页

冬青卫矛
94 页

南蛇藤
95 页

野梧桐
95 页

乌桕
96 页

垂柳
97 页

细柱柳
97 页

钻天杨
98 页

银白杨
98 页

山桐子
99 页

紫薇
99 页

石榴
100 页

桉属
100 页

东方毒漆藤
101 页

盐麸木
101 页

毛漆树
102 页

鸡爪槭
103 页

大红叶槭
104 页

小羽团扇槭
104 页

羽扇槭
105 页

瓜皮槭
105 页

山楂叶槭
106 页

密花槭
106 页

色木槭
107 页

三角槭
107 页

毛果槭
108 页

二柱槭
108 页

无患子
109 页

日本七叶树
109 页

枳
110 页

香橙
110 页

温州蜜柑
111 页

臭常山
111 页

日本花椒
112 页

椿叶花椒
112 页

臭椿
113 页

楝
113 页

华东椴
114 页

南京椴
114 页

木芙蓉
115 页

木槿
115 页

梧桐
116 页

瑞香
116 页

结香
117 页

白果槲寄生
117 页

珙桐
118 页

灯台树
118 页

梾木
119 页

大花四照花
119 页

山茱萸
120 页

日本四照花
120 页

绣球
121 页

柴绣球
121 页

齿叶溲疏
122 页

红淡比
🍃 122 页

厚皮香
🍃 123 页

柃木
🍃 123 页

柿
🍃 124 页

茶梅
🍃 125 页

山茶
🍃 125 页

茶
🍃 126 页

红山紫茎
🍃 126 页

野茉莉
🍃 127 页

玉铃花
🍃 127 页

葛枣猕猴桃
🍃 128 页

软枣猕猴桃
🍃 128 页

中华猕猴桃
🍃 129 页

髭脉桤叶树
🍃 129 页

三叶杜鹃
🍃 130 页

小叶三叶杜鹃
🍃 130 页

山杜鹃
🍃 131 页

粘鸟杜鹃
🍃 131 页

皋月杜鹃
🍃 132 页

锦绣杜鹃
🍃 132 页

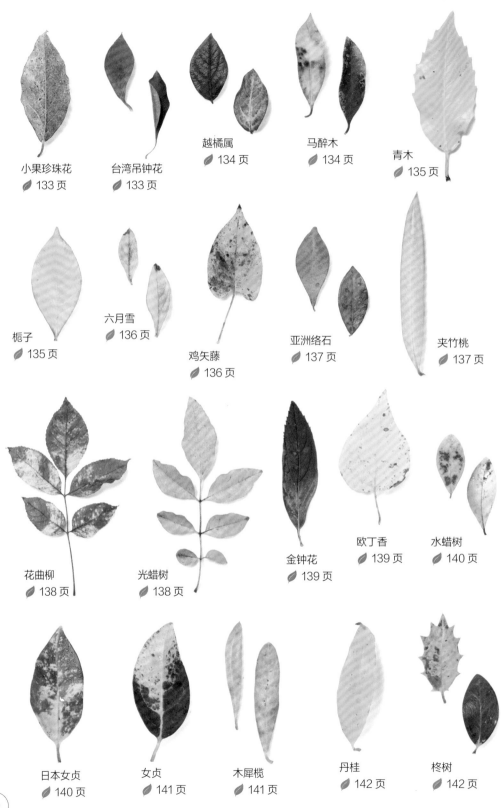

小果珍珠花
133 页

台湾吊钟花
133 页

越橘属
134 页

马醉木
134 页

青木
135 页

栀子
135 页

六月雪
136 页

鸡矢藤
136 页

亚洲络石
137 页

夹竹桃
137 页

花曲柳
138 页

光蜡树
138 页

金钟花
139 页

欧丁香
139 页

水蜡树
140 页

日本女贞
140 页

女贞
141 页

木犀榄
141 页

丹桂
142 页

柊树
142 页

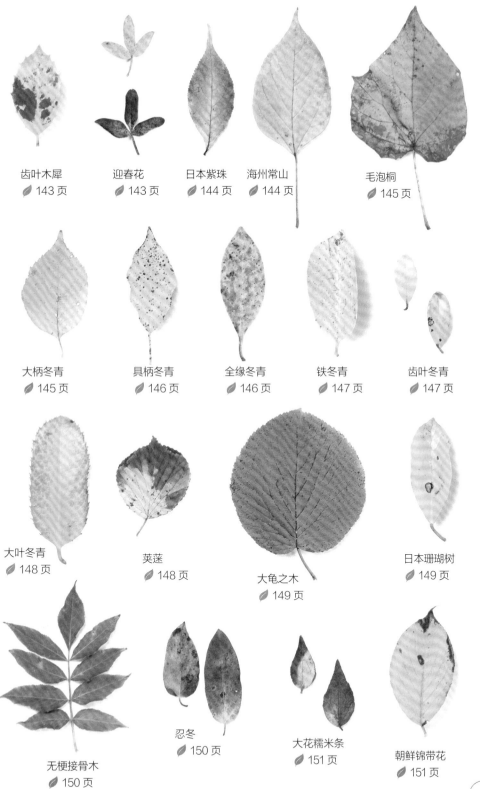

齿叶木犀
🌿 143 页

迎春花
🌿 143 页

日本紫珠
🌿 144 页

海州常山
🌿 144 页

毛泡桐
🌿 145 页

大柄冬青
🌿 145 页

具柄冬青
🌿 146 页

全缘冬青
🌿 146 页

铁冬青
🌿 147 页

齿叶冬青
🌿 147 页

大叶冬青
🌿 148 页

荚蒾
🌿 148 页

大龟之木
🌿 149 页

日本珊瑚树
🌿 149 页

无梗接骨木
🌿 150 页

忍冬
🌿 150 页

大花糯米条
🌿 151 页

朝鲜锦带花
🌿 151 页

海桐
🍃 152 页

八角金盘
🍃 152 页

日本萸叶五加
🍃 153 页

刺楸
🍃 153 页

菱叶常春藤
🍃 154 页

三裂树参
🍃 154 页

日本人参木
🍃 155 页

楤木
🍃 156 页

落叶的解说（裸子植物）

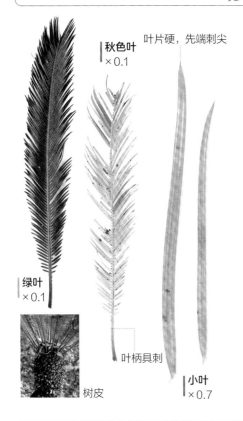

秋色叶
×0.1

叶片硬，先端刺尖

绿叶
×0.1

叶柄具刺

树皮

小叶
×0.7

苏铁 *Cycas revoluta*

　　叶片大且硬，细长小叶排列整齐。叶变黄后，小叶脱落。羽状复叶。叶长 100～150 厘米，小叶长 8～20 厘米。常绿树。叶簇生。灌木。在日本，该树自然分布于九州南部至冲绳，栽培于寺院、神社、公园和庭园。在中国，分布于福建、台湾、广东，各地常有栽培。

银杏科

银杏 *Ginkgo biloba*

　　叶片形状特征明显，呈扇形。叶缘有或深或浅的锯齿。秋天，树叶变成漂亮的黄色，随后凋落。叶分裂或不分裂。叶片长 4～8 厘米，叶柄长 3～6 厘米。落叶树。叶簇生。乔木。原产于中国，目前中国仅浙江天目山有野生种。在日本，该树多栽培于路旁和公园。在中国，该树的栽培区甚广，北至沈阳，南达广州，多见于寺院及庭园。

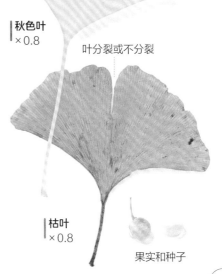

波状锯齿

秋色叶
×0.8

叶分裂或不分裂

枯叶
×0.8

果实和种子

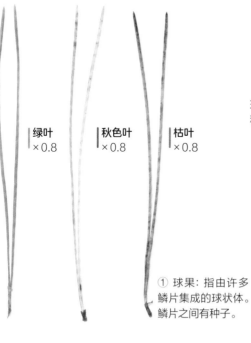

绿叶	秋色叶	枯叶
×0.8	×0.8	×0.8

球果①又被
称为"松果"

树皮脱落处变红

① 球果：指由许多
鳞片集成的球状体。
鳞片之间有种子。

赤松 🍃 *Pinus densiflora*

　　针形叶，2针1束。老叶变黄后
凋落。红色树皮也可作为其识别特征。
叶长 7 ～ 10 厘米。常绿树。叶簇生。
乔木。在日本，该树自然分布于北海
道南部至九州的平坦地带，常栽植于
庭园和公园。在中国，分布于黑龙江
东部、吉林长白山、辽宁中部至辽东
半岛、山东胶东至江苏东北部云台山
等地，多作沿海山地的造林树种。

球果

黑褐色树皮

黑松 🍃 *Pinus thunbergii*

　　针形叶，2针1束。其叶比赤松
的叶更长更结实。老叶变黄后凋落。
叶长 10 ～ 15 厘米。常绿树。叶簇生。
乔木。在日本，该树自然分布于本
州至冲绳，栽培于海岸、庭园、公
园、路旁。在中国，多作庭园观赏树，
还可作山东、江苏、浙江沿海地区
的造林树种。

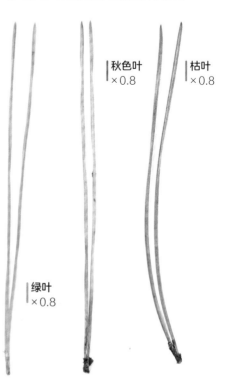

秋色叶	枯叶
×0.8	×0.8

绿叶
×0.8

叶片非常长，所以易辨识

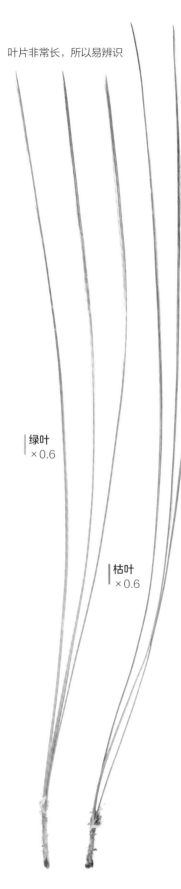

绿叶
×0.6

枯叶
×0.6

树皮

叶从树枝上垂下来

长叶松 *Pinus palustris*

针形叶，3针1束。叶片非常长，从树枝上垂下来。球果也很大。叶长20～30厘米。常绿树。叶簇生。乔木。原产于北美。在日本，该树栽培于庭园、公园、寺院和神社。在中国，南京、无锡、上海、杭州、福州等地引种栽培作庭园观赏树。

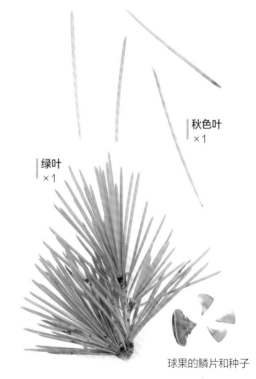

秋色叶
×1

绿叶
×1

球果的鳞片和种子

雪松 *Cedrus deodara*

针形叶，叶短而硬，手指触碰叶尖会有刺痛感。老叶变黄后凋落。球果的大鳞片也易辨识。叶长3～5厘米。常绿树。叶簇生。乔木。原产于阿富汗至喜马拉雅山区。在日本，该树栽培于公园。在中国，北京、大连、青岛等地广泛栽培作庭园观赏树。

日本落叶松 *Larix kaempferi*

原产于日本的针叶树中唯一的落叶树。针形叶，叶短且柔软。树叶在秋天会变成漂亮的黄色至褐色，而后凋落。叶长 2 ～ 3 厘米。叶簇生。乔木。在日本，该树自然分布于东北[1]南部至中部[2]，其人工林在寒冷地区也很多见。在中国，黑龙江、吉林、辽宁、山东等地引种栽培，用于造林。

① 东北: 这里指的是东北地方，是日本地域中的一个大区域概念。包括青森、岩手、秋田、山形、宫城、福岛 6 个县。

② 中部: 这里指的是中部地方，是日本地域中的一个大区域概念。主要城市有名古屋、新潟、静冈、岐阜、滨松等。

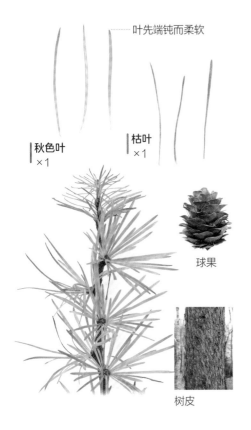

叶先端钝而柔软

秋色叶
×1

枯叶
×1

球果

树皮

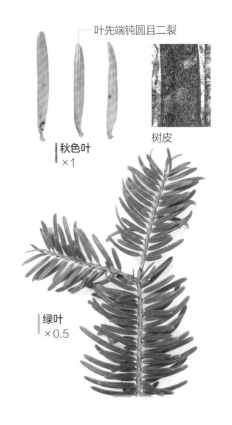

叶先端钝圆且二裂

秋色叶
×1

树皮

绿叶
×0.5

日本冷杉 *Abies firma*

针形叶，叶扁平且厚实，在枝上呈羽状排列。幼树之叶先端二裂，老叶变黄后凋落。叶长 1.5 ～ 3 厘米。常绿树。乔木。在日本，该树自然分布于本州至九州，栽培于公园、庭园、寺院和神社。在中国，辽宁旅顺、山东青岛、江苏南京、浙江莫干山、江西庐山及台湾等地栽培作庭园观赏树。

叶先端尖

秋色叶
×1

球果

欧洲云杉 ▸ *Picea abies*

针形叶。叶细而硬，先端尖，在枝上呈羽状排列。老叶变黄后凋落。长柱状球果易辨识。叶长1.5～3厘米。常绿树。乔木。原产于欧洲。在日本，该树栽培于寒冷地区的庭园和公园。在中国，江西庐山及山东青岛引种栽培。

绿叶
×0.9

罗汉松科

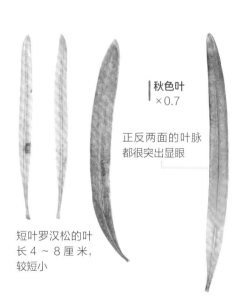

秋色叶
×0.7

正反两面的叶脉都很突出显眼

短叶罗汉松的叶长4～8厘米，较短小

绿叶
×0.3

罗汉松 ▸ *Podocarpus macrophyllus*

线状针形叶，宽1厘米左右。其小型变种短叶罗汉松（*Podocarpus macrophyllus* var. *maki*）也很常见。叶长10～20厘米。常绿树。叶簇生。乔木。在日本，该树生长在关东至冲绳的树林内，常栽培于庭园和公园。在中国，分布于江苏、浙江、福建、安徽等多个省区，多作庭园观赏树。

金松科

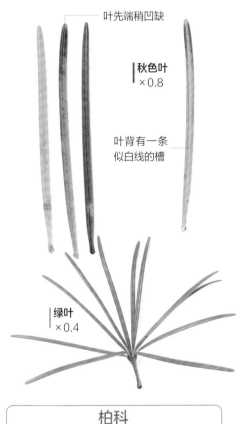

叶先端稍凹缺

秋色叶
×0.8

叶背有一条
似白线的槽

绿叶
×0.4

金松 *Sciadopitys verticillata*

　　线状针形叶，宽 0.2 ~ 0.4 厘米。虽与罗汉松相似，但金松的叶片更细长，叶背（下表面）有似白线的槽。叶长6 ~ 12厘米。常绿树。叶簇生。乔木。原产于日本。在日本，该树生长在东北南部至九州的山脊，栽培于庭园、公园、寺院和神社。在中国，青岛、庐山、南京、上海等地有栽培，多作庭园观赏树。

柏科

日本扁柏 *Chamaecyparis obtusa*

　　鳞形叶。揉碎绿叶或新落叶后，能闻到香味。老叶变黄后凋落，叶片容易散开。叶长0.3厘米左右。常绿树。乔木。原产于日本。在日本，该树自然分布于东北南部至九州，人工林数量也不少，多栽培于寺院、神社、庭园和公园。在中国，青岛、南京、上海、庐山、广州等地引种栽培，多作庭园观赏树。

秋色叶
×1

球果

叶先端钝圆

叶背具"Y"字形
白色纵脊

绿叶
×1

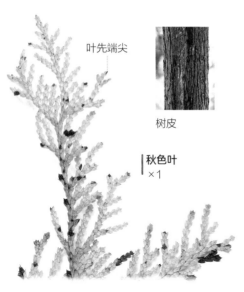

叶先端尖

树皮

秋色叶
×1

叶背具"X"字形
白色纵脊

绿叶
×1

日本花柏 🍃 *Chamaecyparis pisifera*

鳞形叶。日本花柏虽然与日本扁柏相似，但其叶先端更尖，绿叶背面的气孔带的形状也不同。叶长0.3厘米左右。常绿树。乔木。原产于日本。在日本，该树生长在本州、九州的山谷地带，栽培于庭园、寺院、神社和公园。在中国，青岛、庐山、南京、上海、杭州等地引种栽培，多作庭园观赏树。

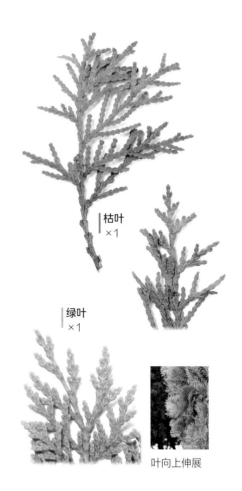

枯叶
×1

绿叶
×1

叶向上伸展

侧柏 🍃 *Platycladus orientalis*

该树具有与日本扁柏相似的鳞形叶。枝叶向上伸展。该树的园艺栽培品种较多。叶长0.2厘米左右。常绿树。乔木。原产于中国。在日本，该树栽培于庭园作绿篱。在中国，分布于内蒙古南部、吉林、辽宁、河北、山西、山东等多地，多作庭园观赏树。

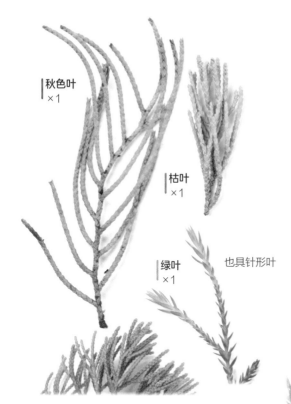

秋色叶
×1

枯叶
×1

绿叶
×1

也具针形叶

龙柏 🍃 *Sabina chinensis* cv. 'Kaizuka'

叶片呈鳞形或针形。叶排列紧密，形成如绳般的小枝。该树是野生圆柏（*Sabina chinensis*）的栽培品种。叶长 0.1 ~ 0.2 厘米。常绿树。乔木。该树多栽培于庭园和公园作绿篱。在日本，圆柏自然分布于北海道至九州。在中国，分布于内蒙古乌拉山、河北、山西、山东等地。

叶随小枝一起脱落

枯叶
×0.9

日本柳杉 🍃 *Cryptomeria japonica*

针形叶。弯曲的小叶片在枝上呈螺旋状排列。秋天来临后，老叶变黄，连枝一起脱落。叶长 0.4 ~ 1.2 厘米。常绿树。叶簇生。乔木。原产于日本，该树自然分布于本州至九州，栽培于寺院、神社和公园。在中国，山东（青岛、蒙山）、上海、江苏（南京）等地引种栽培，多作庭园观赏树。

秋色叶
×0.9

绿叶
×0.9

球果　　　　树皮

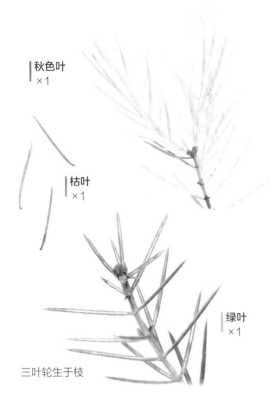

秋色叶
×1

枯叶
×1

绿叶
×1

三叶轮生于枝

杜松 *Juniperus rigida*

针形叶。叶先端锐尖，用手指触碰会感到刺痛，据说它因此曾被用来驱鼠。叶长 1 ~ 2.5 厘米。常绿树。灌木或小乔木。叶簇生。在日本，该树自然分布于本州至九州，栽培于庭园。在中国，分布于黑龙江、吉林、辽宁、内蒙古等地，作庭园观赏树。

球果

秋色叶
×1

水杉 *Metasequoia glyptostroboides*

针形叶。小枝对生，叶在侧枝上呈羽状排列。叶在秋天变成橘色，多与小枝一起脱落。叶长 1 ~ 2 厘米。落叶树。乔木。原产于中国，分布于利川、石柱、龙山的局部地区，全国各地有栽培，多作造林树种、绿化树种。在日本，该树栽培于公园和路旁。

叶对生

树皮

呼吸根

秋色叶
×0.9

叶互生

枯叶
×0.9

落羽杉 🌿 *Taxodium distichum*

　　针形叶。叶呈羽状排列。虽与水杉
相似，但其叶更短。叶于秋天变褐色后
凋落。树干周围有呼吸根①。叶长 0.7～2
厘米。落叶树。叶互生。乔木。原产于
北美。在日本，该树多栽培于公园。在
中国，广州、杭州、上海、南京等地引
种栽培。

① 呼吸根：一种植物的根，挺立于空气中进行呼吸。

触碰叶尖也不痛

枯叶
×1

秋色叶
×1

红豆杉科

日本粗榧 🌿 *Cephalotaxus harringtonia*

　　针形叶。叶片细长扁平，呈羽状排列。
叶先端虽尖却软，触碰也不会痛。绿叶于
枝上平展。叶长 3～5 厘米。常绿树。灌
木或小乔木。原产于日本。在日本，该树
生长于北海道至九州的树林内。在中国，
江西庐山等地引种栽培。

绿叶
×1

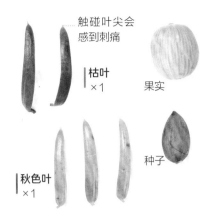

触碰叶尖会
感到刺痛

枯叶
×1

果实

种子

秋色叶
×1

揉碎能闻到
强烈的香味

绿叶
×1

东北红豆杉 Taxus cuspidata

　　针形叶。叶呈羽状排列。与日本粗榧相似，但其绿叶呈不规则排列，彼此重叠。老叶在春天来临后变黄后凋落。叶长 1.5 ～ 3 厘米。常绿树。乔木。在日本，该树自然分布于北海道至九州，栽培于庭园和公园作绿篱。在中国，分布于吉林老爷岭、张广才岭及长白山，山东、江苏、江西等地也有栽培。

日本榧 Torreya nucifera

　　针形叶。叶呈羽状排列。虽与日本粗榧相似，但其叶较硬，叶先端凸尖，用手指触碰会痛。叶长 2 ～ 3 厘米。常绿树。乔木。原产于日本。在日本，该树生长于东北至九州的树林内，栽培于寺院、神社、庭园和公园。在中国，青岛、庐山、南京、上海等地引种栽培，多作庭园观赏树。

触碰叶尖
也不痛

果实呈红色

秋色叶
×1

枯叶
×1

绿叶
×1

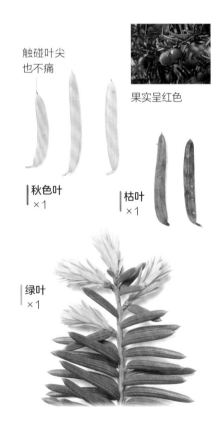

落叶的解说（被子植物）

叶先端钝尖

叶脉在叶片两面均不明显

叶缘无锯齿

秋色叶
×0.8

树皮

绿叶
×0.8

日本莽草 🍃 *Illicium anisatum*

叶片扁平厚实，叶脉不明显。不分裂叶。叶片长 5 ~ 15 厘米，叶柄长 0.5 ~ 2.4 厘米。叶全缘。常绿树。叶互生。灌木或小乔木。原产于日本和朝鲜半岛。在日本，该树生长于东北至冲绳的树林内，多栽培于寺院、神社和墓地。在中国，台湾地区也有分布。

绿叶
×0.5

叶朝背面弯曲

有光泽

叶缘无锯齿

秋色叶
×0.5

木兰科

荷花玉兰 🍃 *Magnolia grandiflora*

叶片大且厚，泛光泽。老叶到春天会变黄色至褐色，而后凋落。叶片长 10 ~ 23 厘米，叶柄长 2 ~ 3 厘米。叶全缘。常绿树。叶互生。乔木。原产于北美。在日本，该树栽培于庭园和公园。在中国，长江以南各城市有栽培。

初夏开大白花

树皮

种子掉落后的果实

树皮

叶片大多呈倒卵形

叶先端短尖

秋色叶
×0.8

枯叶
×0.8

叶缘呈微波状

冬芽上多
被白毛

日本辛夷 *Yulania kobus*

叶片稍大，呈倒卵形。不分裂叶。叶片长 6 ~ 15 厘米，叶柄长 1 ~ 1.5 厘米。叶全缘。落叶树。叶互生。乔木。原产于日本，分布于北海道至九州，栽培于庭园、公园和路旁。在中国，青岛、杭州等地有栽培，多作庭园、住宅区观赏树。

树皮

冬芽被白毛

枯叶
×0.5

叶先端宽

叶先端短尖

秋色叶
×0.5

玉兰 *Yulania denudata*

与日本辛夷相似，但玉兰的叶片更大更宽更圆。不分裂叶。叶片长 8 ~ 15 厘米，叶柄长 1 ~ 1.5 厘米。叶全缘。落叶树。叶互生。乔木。原产于中国，主要分布于江西（庐山）、浙江（天目山）、湖南（衡山）、贵州，各大城市园林广泛栽培。在日本，该树栽培于庭园和公园。

秋色叶
×0.3

枯叶
×0.3

叶背呈白色

树皮

种子掉落后的果实

日本厚朴 *Houpoea obovata*

其落叶是日本最大的落叶。叶在秋天变成黄色至褐色，单凭落叶也容易辨认。不分裂叶。叶片长 20 ~ 40 厘米，叶柄长 2 ~ 4 厘米。叶全缘。落叶树。叶互生。乔木。原产于千岛群岛以南。在日本，该树生长于北海道至九州的树林内，栽培于公园。在中国，青岛、北京、广州及东北地区有栽培。

冬芽无毛

树皮具沟状纵裂

北美鹅掌楸 *Liriodendron tulipifera*

叶片大，四裂，形状独特。叶在秋天变黄后凋落。分裂叶。叶片长 10 ~ 20 厘米，叶柄长 4 ~ 15 厘米。叶全缘。落叶树。叶互生。乔木。原产于北美东南部。在日本，该树栽培于路旁和公园。在中国，青岛、南京、昆明等地有栽培。

秋色叶
×0.3

叶片四裂或六裂

先端平截或微凹

叶柄长

枯叶
×0.3

蜡梅科

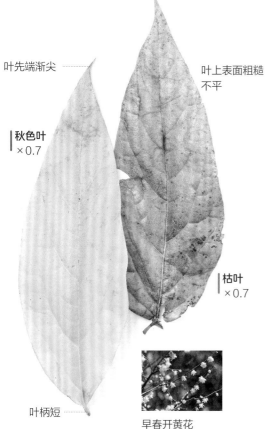

叶先端渐尖 ....

叶上表面粗糙不平

秋色叶
×0.7

枯叶
×0.7

叶柄短 ....

早春开黄花

番荔枝科

巴婆 *Asimina triloba*

从大小和形状来看，叶具有木兰科植物的特征，但更薄，枯萎后更易卷曲。不分裂叶。叶片长15～30厘米，叶柄长0.5～2厘米。落叶树。叶互生。小乔木。原产于北美。在日本，该树多作为果树栽培，还可见于庭园、公园。在中国，该树也常作为果树栽培，多见于公园，还可作行道树。

蜡梅 *Chimonanthus praecox*

叶片呈长卵形，叶先端较长，手感粗糙。叶在秋天变黄后凋落。不分裂叶。叶片长8～20厘米，叶柄长0.3～0.8厘米。落叶树。叶对生。灌木。原产于中国，分布于山东、江苏、安徽、浙江等多个省区。目前中国多地有栽培。在日本，该树栽培于庭园和公园。

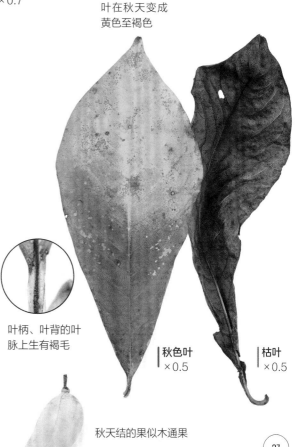

叶在秋天变成黄色至褐色

叶柄、叶背的叶脉上生有褐毛

秋色叶
×0.5

枯叶
×0.5

秋天结的果似木通果

绿叶
×0.8

秋色叶
×0.8

叶基的侧脉
朝先端延伸

叶背发白

舟山新木姜子 *Neolitsea sericea*

叶片呈长卵形，三出脉明显。秋天来临后，老叶变色凋落。不分裂叶。叶片长 8 ~ 18 厘米，叶柄长 2 ~ 3 厘米。叶全缘。常绿树。叶互生。乔木。在日本，该树自然分布于本州至冲绳，栽培于公园和庭园。在中国，分布于浙江舟山、上海崇明，是国家二级保护树种。1996 年被定为舟山市市树。

绿叶
×1

秋色叶
×1

叶两面均无毛

树皮

月桂 *Laurus nobilis*

叶可做烹饪时用的香料。叶的香味在掉落后仍可保持一段时间，揉碎后就能闻到。不分裂叶。叶片长 7 ~ 9 厘米，叶柄长 0.5 ~ 1 厘米。叶全缘。常绿树。叶互生。灌木或小乔木。原产于地中海沿岸。在日本，该树多栽培于庭园作绿篱。在中国，浙江、江苏、福建等地引种栽培。

有光泽

绿叶
×0.8

秋色叶
×0.8

从叶基伸展出的
侧脉较为明显

树皮

薮肉桂 *Cinnamomum yabunikkei*

叶片呈椭圆形至卵形，三出脉明显。叶上表面有光泽。不分裂叶。叶片长6～12厘米，叶柄长0.8～1.8厘米。叶全缘。常绿树。叶互生或对生。乔木。在日本，该树生长于本州至冲绳温暖地带的树林内。中国南方也有分布。

樟 *Cinnamomum camphora*

叶片呈卵形，三出脉明显。老叶于春季一起变色凋落。不分裂叶。叶片长6～10厘米，叶柄长1.5～2.5厘米。叶全缘。叶互生。常绿树。乔木。在日本，该树自然分布于关东至冲绳，栽培于路旁、公园、寺院和神社。在中国，分布于西南及长江以南地区，广泛栽培作庭荫树、行道树。

绿叶
×0.8

叶先端
骤尖

无锯齿

秋色叶
×0.9

叶缘呈微波状

树皮

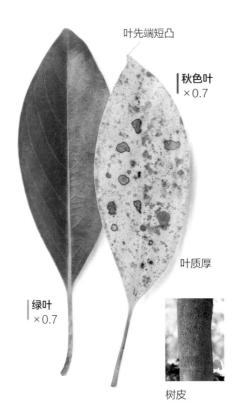

叶先端短凸

秋色叶
×0.7

叶质厚

绿叶
×0.7

树皮

红楠 🍃 *Machilus thunbergii*

　　叶片呈长椭圆形或倒狭卵形，质地厚实。老叶于春季变黄后凋落。不分裂叶。叶片长8～15厘米，叶柄长2～3厘米。叶全缘。常绿树。叶互生。乔木。在日本，该树自然分布于本州至冲绳，栽培于公园和路旁。在中国，分布于山东、江苏、浙江、安徽、广东等地，可作用材林和防风林树种，也可作庭园观赏树。

叶先端钝

秋色叶
0.8

绿叶
×0.8

树皮像鳞片一样剥落，留下斑痕

朝鲜木姜子 🍃 *Litsea coreana*

　　叶片呈长椭圆形，比红楠叶稍小。老叶于春季变黄后凋落。树皮特征明显。不分裂叶。叶片长5～9厘米，叶柄长0.8～1.5厘米。叶全缘。常绿树。叶互生。乔木。在日本，生长在本州至冲绳温暖地带的树林内。在中国，分布于台湾中部。

叶先端钝

枯叶
×0.9

秋色叶
×0.9

树皮泛绿

大叶钓樟 ✐ *Lindera umbellata*

　　枝叶散发出好闻的香气，可用来
制作牙签。叶在秋天变黄后凋落。不
分裂叶。叶片长 5 ~ 10 厘米，叶柄
长 1 ~ 1.5 厘米。叶全缘。落叶树。
叶互生。灌木。在日本，该树自然分
布于北海道至本州，栽培于庭园。在
中国，分布于长江中下游各省及河南、
山西、陕西、甘肃。

早春开黄花

秋色叶
×0.9

叶先端尖

枯叶
×0.9

大果山胡椒 ✐ *Lindera praecox*

　　叶片小，呈菱形，在秋天变黄后
凋落。不分裂叶。叶片长 5 ~ 8 厘米，
叶柄长 1 ~ 2 厘米。叶全缘。落叶树。
叶互生。灌木或小乔木。在日本，该树
生长于本州至九州的潮湿地带，栽培于
庭园。在中国，分布于浙江、安徽、湖
北等地，生于低山灌丛中。

叶柄泛红

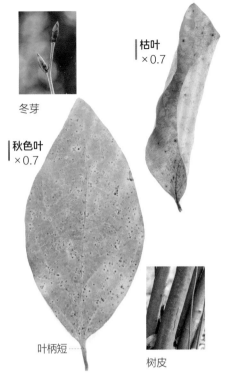

枯叶
×0.7

冬芽

秋色叶
×0.7

叶柄短 ·········

树皮

山胡椒 🍃 *Lindera glauca*

与大果山胡椒相比，此树的叶片更大，叶柄更短。叶通常枯而不落。不分裂叶。叶片长 5 ~ 10 厘米，叶柄长 0.3 ~ 0.4 厘米。叶全缘。落叶树。叶互生。灌木或小乔木。在日本，该树生长于本州至九州的树林内。在中国，分布于山东昆嵛山以南、河南嵩县以南、陕西、甘肃、山西、江苏等地。其木材可用于制作家具，其根、枝、叶、果可药用。

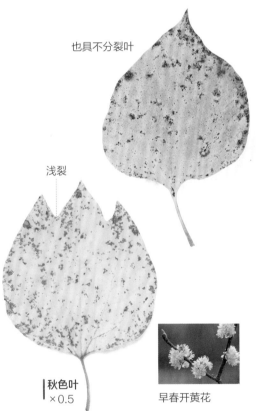

也具不分裂叶

浅裂

三桠乌药 🍃 *Lindera obtusiloba*

叶片三裂，特征明显。叶于秋天变成美丽的黄色，而后凋落。叶分裂或不分裂。叶片长 5 ~ 15 厘米，叶柄长 0.5 ~ 3 厘米。叶全缘。落叶树。叶互生。灌木或小乔木。在日本，该树自然分布于关东至九州，栽培于庭园。在中国，分布于辽宁千山以南、山东昆嵛山以南、安徽、江苏、河南等地。

秋色叶
×0.5

早春开黄花

枯叶
×0.7

叶柄短

秋色叶
×0.7

弯曲的侧脉
易辨认

茎上有锐刺

菝葜 *Smilax china*

叶片呈圆形，弯曲的叶脉较为明显。秋天，叶变褐色后凋落。茎上有刺。不分裂叶。叶片长 3 ~ 12 厘米，叶柄长 0.5 ~ 2 厘米。叶全缘。落叶树。叶互生。木质藤本。在日本，该树生长于北海道至九州的树林内。在中国，分布于山东半岛、江苏、浙江等地，多作地栽、绿篱植物。

棕榈科

棕榈 *Trachycarpus fortunei*

该树具备棕榈科一族叶片巨大的特征。叶在枯萎后也不会马上掉落。分裂叶。叶片长 50 ~ 80 厘米，叶柄长 100 厘米左右。叶全缘。常绿树。小乔木。在日本，该树自然分布于本州至九州，栽培于庭园和公园。在中国，分布于长江以南各省，多用于庭园绿化。其叶可制工艺品，木材可制器具。还可药用、食用。

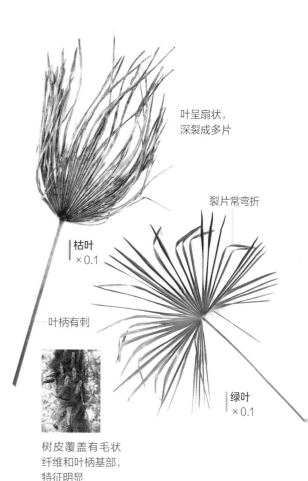

叶呈扇状，
深裂成多片

裂片常弯折

枯叶
×0.1

叶柄有刺

绿叶
×0.1

树皮覆盖有毛状
纤维和叶柄基部，
特征明显

叶先端骤尖

叶缘有不规则的粗大锯齿

秋色叶
×0.5

春季开红花

枯叶
×0.5

日本领春木 🖋 *Euptelea polyandra*

圆形叶，叶先端和叶缘锯齿长长地凸出来，形状特征明显。叶变浅黄色至褐色后凋落。不分裂叶。叶片长6～12厘米，叶柄长3～7厘米。落叶树。叶互生。乔木。在日本，该树自然分布于本州至九州。该种在中国未见分布。

木通科

日本野木瓜 🖋 *Stauntonia hexaphylla*

叶由5～7枚小叶构成。老叶变成浅绿色至黄色后凋落。掌状复叶。叶长15～30厘米，小叶长5～10厘米。叶全缘。常绿树。叶互生。木质藤本。在日本，该树自然分布于东北至冲绳，栽培于庭园。在中国，仅分布于浙江舟山。上海植物园已引种栽培。

绿叶
×0.3

小叶数量比木通叶多

叶先端微凸

小叶
×0.4

叶落时，叶柄易脱落

秋天结紫色果实

小叶有 5 片

秋色叶
×0.4

小叶
×0.5

木通🌿 *Akebia quinata*

　　叶由 5 片小叶构成。秋天，树叶褪去绿色，染上红色后凋落。掌状复叶。叶长 5 ～ 25 厘米，小叶长 3 ～ 6 厘米。叶全缘。落叶树。叶互生。木质藤本。在日本，该树自然分布于本州至九州，多作为果树或庭园观赏树种植。在中国，分布于长江流域各省，可药用及食用。

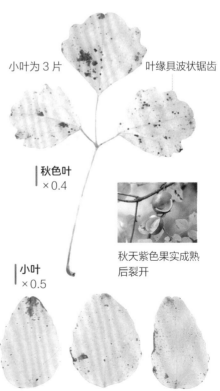

小叶为 3 片

叶缘具波状锯齿

秋色叶
×0.4

秋天紫色果实成熟后裂开

小叶
×0.5

三叶木通🌿 *Akebia trifoliata*

　　叶由 3 片小叶构成。叶于秋天变黄后凋落。掌状复叶。叶长 7 ～ 25 厘米，小叶长 2 ～ 6 厘米。叶全缘或有锯齿。落叶树。叶互生。木质藤本。在日本，该树生长于北海道至九州的林缘，多作为果树或庭园观赏树种植。在中国，分布于山东、甘肃、河北、河南等地，可药用及食用。

防己科

叶片形状从卵
形至三角形，
变异大

秋色叶
×0.8

毛多

秋天结蓝果

木防己 🍃 *Cocculus orbiculatus*

　　叶片形状从卵形到三裂三角形，
变异大。秋天，叶变黄后凋落。叶分
裂或不分裂。叶片长 3 ~ 12 厘米，
叶柄长 1 ~ 3 厘米。叶全缘。落叶树。
叶互生。木质藤本。在日本，该树生
长于北海道至冲绳的林缘。在中国，
大部分地区都有分布。多用于绿化，
还可药用及酿酒。

绿叶
×0.1

冬天部分叶会变红

小檗科

南天竹 🍃 *Nandina domestica*

　　二至三回羽状复叶。小叶相继变
成黄色至红色后凋落。叶长 30 ~ 80
厘米，小叶长 2 ~ 9 厘米。叶全缘。
常绿树。叶互生。灌木。原产于中国。
在日本，该树野生于东北南部至九州，
栽培于庭园。在中国，分布于福建、
浙江、山东、江苏等多省，可作庭园
观赏树，还可药用。

小叶
×0.5

冬天结红果

具 5 ～ 8 对小叶

有硬度

绿叶
×0.3

秋色叶
×0.3

叶先端和锯齿锐尖

小叶
×0.4

台湾十大功劳 *Mahonia japonica*

　　叶片坚硬，手碰到其尖锐锯齿会有刺痛感。老叶在秋天变成黄色至红色。奇数羽状复叶。叶长 30 ～ 40 厘米，小叶长 4 ～ 9 厘米。叶缘为锯齿状。常绿树。叶互生。灌木。在日本，该树野生于温暖地带，栽培于庭园和公园。在中国，分布于台湾。多为园林景观植物，还可药用。

叶缘有细锯齿

枯叶边缘卷曲

枯叶
×0.4

侧脉多

秋色叶
×0.4

冬芽被伏毛，微张开

清风藤科

多花泡花树 *Meliosma myriantha*

　　叶与日本七叶树的小叶相似。叶于秋季变黄色至褐色，而后凋落。不分裂叶。叶片长 10 ～ 25 厘米，叶柄长 1 ～ 2 厘米。叶缘为锯齿状。落叶树。叶互生。乔木。在日本，该树生长于本州至九州的山地。在中国，分布于山东、江苏北部。

叶缘有浅
钝锯齿

绿叶
×0.6

叶全体无毛

秋色叶
×0.6

叶片厚实

叶柄长

昆栏树 *Trochodendron aralioides*

叶片呈倒卵形，具钝锯齿缘。老叶变成朱红色后凋落。不分裂叶。叶片长5~14厘米，叶柄长2~9厘米。常绿树。叶互生。灌木或小乔木。在日本，该树自然分布于东北至冲绳，栽培于庭园和公园。在中国，仅分布于台湾中北部的山地。可栽培作庭园观赏树。其木材可制家具，树皮可制粘胶。

悬铃木科

二球悬铃木 *Platanus × acerifolia*

叶片大而显眼。该树是一球悬铃木与三球悬铃木的杂交种，为最常见的悬铃木。分裂叶。叶片长10~18厘米，叶柄长2~4厘米。叶缘为锯齿状。落叶树。叶互生。乔木。原产于欧洲东南部至亚洲西部地区。在日本，该树栽培于路旁和公园。中国各地广泛栽培，多作行道树。

叶片分裂比一球
悬铃木深，比三
球悬铃木浅

秋色叶
×0.4

树皮斑驳

果实

叶片三裂或五裂

枯叶
×0.4

树皮不斑驳　　　　叶背多毛

一球悬铃木 🍃 *Platanus occidentalis*

三种悬铃木中叶片分裂最浅的一种，叶背多毛。树皮易辨认。分裂叶。叶片长 7 ~ 20 厘米，叶柄长 3 ~ 8 厘米。叶缘为锯齿状。落叶树。叶互生。乔木。原产于北美。在日本，该树栽培于公园和路旁。中国北部及中部地区已广泛引种栽培，常作行道树。

叶深裂，
裂片[1]细长

枯叶
×0.4

多为五裂叶

斑驳的树皮像鳞片
一样剥落

三球悬铃木 🍃 *Platanus orientalis*

三种悬铃木中叶片分裂最深的一种，毛少。分裂叶。叶片长 10 ~ 20 厘米，叶柄长 3 ~ 8 厘米。叶缘为锯齿状。落叶树。叶互生。乔木。原产于欧洲至亚洲西部地区。在日本，该树栽培于公园。据记载，中国晋代就已引种栽培。

① 裂片：叶分裂后形成的小片。

叶缘具小锯齿

秋色叶
×0.4

叶片大多为
三裂，幼叶
可见五裂

枯叶
×0.4

树皮

一些落叶上仍
残留着托叶[1]

枫香树 *Liquidambar formosana*

叶片呈掌状三裂。叶于秋季变成美丽的红色至黄色，随后凋落。分裂叶。叶片长 7 ~ 17 厘米，叶柄长 4 ~ 10 厘米。叶缘为锯齿状。落叶树。叶互生。乔木。在日本，该树栽培于公园和路旁。在中国，分布于秦岭、淮河以南的各省。其木材坚硬，可制家具。还可药用。

① 托叶：指的是生长在叶柄和茎的连接处的小叶片。

北美枫香 *Liquidambar styraciflua*

该树的叶与槭树的叶具有相似特征，即叶片大、五裂。秋季树叶变成黄色至红色后凋落。分裂叶。叶片长 10 ~ 22 厘米，叶柄长 5 ~ 20 厘米。叶缘为锯齿状。落叶树。叶互生。乔木。原产于北美洲、中美洲。在日本，该树栽培于路旁和公园。在中国，南京、杭州等地有栽培，多作庭园观赏树。

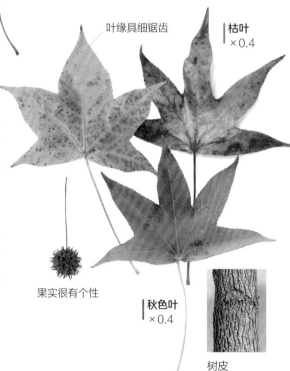

叶缘具细锯齿

枯叶
×0.4

果实很有个性

秋色叶
×0.4

树皮

树皮

叶对生于枝上

绿叶
×1

叶先端圆或微凹

秋色叶
×1

枯叶
×1

日本黄杨 *Buxus microphylla*

　　叶片小且圆。叶变成黄色至橙色，而后凋落。不分裂叶。叶片长1 ~ 2.5厘米，叶柄长0.1 ~ 0.2厘米。叶全缘。常绿树。叶对生。灌木或小乔木。原产于日本。在日本，该树生长于本州至冲绳的岩场，栽培于公园和庭园。中国各地广泛栽培，可用于城市园林绿化。

绿叶
×1

大多为全缘，少数有锯齿

秋色叶
×1

由蚊母瘿蚜造成的虫瘿很显眼

金缕梅科

蚊母树 *Distylium racemosum*

　　叶片呈椭圆形，质实。容易长虫瘿[1]。不分裂叶。叶片长3 ~ 7厘米，叶柄长0.2 ~ 0.4厘米。叶全缘或有锯齿。常绿树。叶互生。乔木。在日本，该树生长于关东至冲绳的树林内，栽培于庭园。在中国，分布于广东、福建、台湾、浙江等地。

① 虫瘿：植物在遭受蚜虫、蜂、蝇等昆虫产卵寄生后形成的畸形瘤状突起。植物和昆虫可以组合成色彩和形态各异的虫瘿。

秋色叶
×0.6

叶的形状从圆形至
菱形，因地区而异

波状锯齿

早春开黄花

日本金缕梅 🌿 *Hamamelis japonica*

叶片为不规则菱形。叶变黄色至
褐色后凋落。不分裂叶。叶片长 5 ~ 10
厘米，叶柄长 0.5 ~ 1.5 厘米。叶缘
为锯齿状。落叶树。叶互生。灌木或
小乔木。原产于日本。在日本，该树
自然分布于本州至九州的山区，栽培
于庭园和公园。中国少有栽培。

叶缘锯齿浅，
不显眼

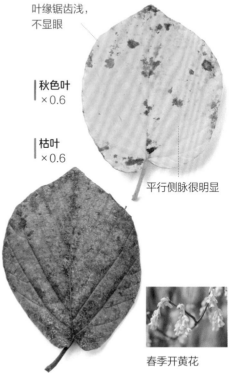

秋色叶
×0.6

枯叶
×0.6

平行侧脉很明显

日本蜡瓣花 🌿 *Corylopsis spicata*

叶片为近圆的心形。秋天叶变黄
后凋落。不分裂叶。叶片长 4 ~ 10
厘米，叶柄长 1 ~ 2.5 厘米。叶缘为
锯齿状。落叶树。叶互生。在日本，
该树自然分布于高知县的蛇纹岩山
地，栽培于公园和庭园。该种在中国
未见分布。

春季开黄花

连香树科

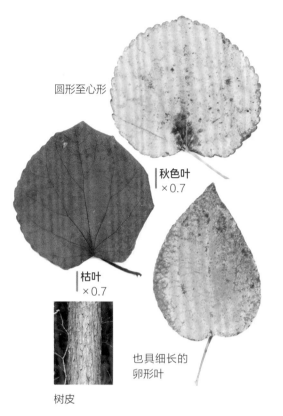

圆形至心形

秋色叶
×0.7

枯叶
×0.7

树皮

也具细长的
卵形叶

连香树 Cercidiphyllum japonicum

叶片为近圆的心形。刚掉落的叶有甘香。不分裂叶。叶片长 3 ~ 7 厘米，叶柄长 2 ~ 2.5 厘米。叶缘为锯齿状。落叶树。叶对生。乔木。在日本，该树生长于北海道至九州的山地，栽培于公园、路旁和庭园。在中国，分布于山西西南部、河南、陕西、甘肃、安徽、浙江、江西、湖北及四川，是中国国家二级保护树种。

虎皮楠科

交让木 Daphniphyllum macropodum

叶片细长厚实。春季发新叶后，老叶一起变黄脱落。不分裂叶。叶片长 15 ~ 20 厘米，叶柄长 2 ~ 7 厘米。叶全缘。常绿树。叶互生。灌木或小乔木。在日本，该树自然分布于北海道至冲绳，栽培于庭园和公园。在中国，分布于云南、四川、贵州、广西等地。可作庭园观赏树，还可药用。

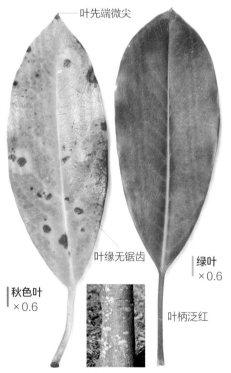

叶先端微尖

叶缘无锯齿

秋色叶
×0.6

树皮

绿叶
×0.6

叶柄泛红

叶先端尾尖

秋色叶
×0.4

枯叶
×0.4

叶枯后满是皱纹

秋天结果，果实的颜色处于蓝色和紫色之间

蛇葡萄 ✿ *Ampelopsis glandulosa*

叶片呈三至五裂。其多彩的秋果也可作为识别特征。叶分裂或不分裂。叶片长 6 ~ 12 厘米，叶柄长 2 ~ 8 厘米。叶缘为锯齿状。落叶树。叶互生。木质藤本。在日本，该树生长于北海道至冲绳的林缘。在中国，分布于安徽、浙江、江西等地。可药用。

地锦 ✿ *Parthenocissus tricuspidata*

树叶在秋天变成深红色后凋落。叶片通常为分裂叶和三出复叶，罕有不分裂叶。叶片长 5 ~ 15 厘米，叶柄长 5 ~ 20 厘米。叶缘为锯齿状。落叶树。叶互生。木质藤本。在日本，该树自然分布于北海道至九州的树林内，栽培于庭园。在中国，分布于吉林、辽宁、河北、河南等地。该树是很好的垂直绿化植物，还可药用。

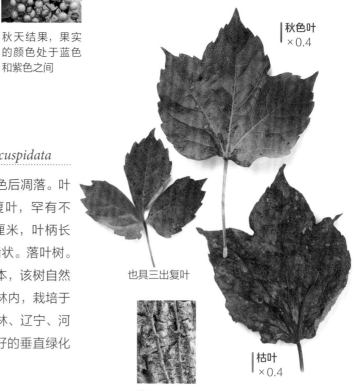

秋色叶
×0.4

也具三出复叶

枯叶
×0.4

藤

叶大而厚

叶脉皱纹明显

秋色叶
×0.3

秋色叶

日本山葡萄 *Vitis coignetiae*

该树是一种生长于山地中的葡萄。叶片大，在秋天变红后凋落。分裂叶。叶片长 8 ~ 25 厘米，叶柄长 5 ~ 20 厘米。叶缘为锯齿状。落叶树。叶互生。木质藤本。原产于日本、朝鲜。在日本，该树生长于北海道至四国的山地。在中国北方绝大部分地区能露地过冬。可供观赏，也可用于酿酒、制作果酱。

豆科

翅荚香槐 *Platyosprion platycarpum*

豆科植物的小叶多对生于叶轴，但此种为互生。羽状复叶。叶长 20 ~ 30 厘米，小叶长 5 ~ 11 厘米。叶全缘。落叶树。乔木。在日本，该树生长于东北南部、中国[1]和四国的山地。在中国，分布于江苏、浙江、湖南、广东、广西、贵州、云南。可供观赏，也可药用。其木材可用于制作器具。

秋色叶
×0.3

小叶有 4 ~ 6 对

小叶互生

叶先端钝

小叶
×0.4

① 中国：这里指的是中国地方，是日本地域中的一个大区域概念，位于日本本州岛西部，由鸟取县、岛根县、冈山县、广岛县、山口县 5 个县组成。

荚果似串珠

秋色叶
×0.4

叶先端尖

小叶时而
不完全对生

小叶
×0.5

槐 🍃 *Styphnolobium japonicum*

叶由 4 ~ 7 对小叶构成。其串珠状的荚果易辨认。羽状复叶。叶长 15 ~ 25 厘米，小叶长 2.5 ~ 6 厘米。叶全缘。落叶树。叶对生或近互生。乔木。原产于中国，各地广泛栽培，常作行道树。在日本，栽培于路旁、公园和庭园。

朝鲜槐 🍃 *Maackia amurensis*

小叶宽且边缘圆滑。树皮具菱形裂痕，可作为识别特征。羽状复叶。叶长 20 ~ 30 厘米，小叶长 3 ~ 8 厘米。叶全缘。落叶树。叶互生。乔木。在日本，该树自然分布于北海道至九州，栽培于公园、路旁及庭园。在中国，分布于黑龙江、吉林、辽宁、内蒙古、河北、山东。可药用。其树皮可作鞣料。

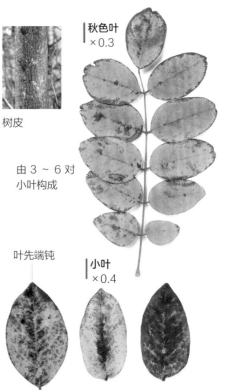

树皮

秋色叶
×0.3

由 3 ~ 6 对
小叶构成

叶先端钝

小叶
×0.4

秋色叶
×0.2

枝和细树干
上生有刺

由 5 ~ 10 对小叶构成

叶先端圆或微凹

小叶
×0.4

刺槐 🌿 *Robinia pseudoacacia*

小叶圆滑。枝和干上的刺也可作为其识别特征。羽状复叶。叶长 15 ~ 30 厘米，小叶长 2.5 ~ 5 厘米。叶全缘。落叶树。叶互生。乔木。原产于北美。在日本，该树野生于北海道至冲绳，栽培于路旁、公园和庭园。在中国，大连、青岛一带有栽培。可作行道树、庭荫树、景观树。

茎朝左上方旋转
缠绕

秋色叶
×0.2

小叶
×0.4

多花紫藤 🌿 *Wisteria floribunda*

叶由 5 ~ 9 对细长小叶构成。落叶时小叶易与叶轴分离。羽状复叶。叶长 20 ~ 30 厘米，小叶长 4 ~ 10 厘米。叶全缘。落叶树。叶互生。木质藤本。原产于日本。在日本，该树生长于本州至九州的树林内，栽培于庭园和公园。中国各地有栽培。多作观赏树，还可药用。

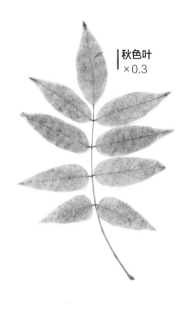

秋色叶
×0.3

茎朝右上方旋转
缠绕

小叶
×0.4

比多花紫藤的
叶更宽

山紫藤 *Wisteria brachybotrys*

　　与多花紫藤相比，山紫藤的小叶较少，只有 4 ~ 6 对，茎的缠绕方向也相反。叶长 15 ~ 25 厘米，小叶长 4 ~ 10 厘米。叶全缘。落叶树。叶互生。木质藤本。在日本，该树生长于近畿至九州的树林内，栽培于庭园和公园。该种在中国未见分布。

秋色叶
×0.3

几乎不变红，
只是绿色褪去
了而已

羽片或小叶会
在落叶时脱落

冬芽　　　树皮

羽片
×0.8

合欢 *Albizia julibrissin*

　　二回羽状复叶，小叶众多。叶脱落时，羽片与叶轴分离，其小叶闭合。叶长 25 ~ 45 厘米，小叶长 1 ~ 1.7 厘米。叶全缘。落叶树。叶互生。乔木。在日本，该树自然分布于本州至冲绳，栽培于公园和庭园。在中国，分布于东北至华南及西南部各省区，是威海市市树。其木材可制家具，树皮可提制栲胶。

秋色叶
×0.3

冬季，茎的先端枯萎，
只留下根部

葛麻姆 *Pueraria montana* var. *lobata*

多群生于荒地和河岸的木质藤本植物。三山复叶。叶长 20 ~ 40 厘米，小叶长 10 ~ 15 厘米。叶全缘。落叶树。叶互生。在日本，该树自然分布于北海道至九州。在中国，除新疆、青海及西藏外，几乎遍布全国。其根、茎、叶、花均可入药。

小叶
×0.3

叶全体毛较多

山皂荚 *Gleditsia japonica*

叶由偶数片较小的小叶构成。干和枝的分枝上长有尖锐长刺。羽状复叶。叶长 10 ~ 30 厘米，小叶长 1.5 ~ 5 厘米。叶全缘或有锯齿。落叶树。叶互生。乔木。在日本，该树生长于本州至九州的水边，栽培于公园和庭园。在中国，分布于辽宁、河北、山东、河南等地。其荚果含皂素，可代肥皂。

无顶生小叶

秋色叶
×0.4

分枝多刺

小叶
×1

叶多全缘，有的具细锯齿

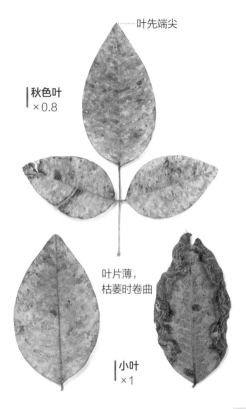

叶先端尖

秋色叶
×0.8

叶片薄，
枯萎时卷曲

小叶
×1

绿叶胡枝子 *Lespedeza buergeri*

胡枝子的一种。胡枝子属的植物特征相似，单凭落叶难以分辨。三出复叶。叶长4～10厘米，小叶长2～4厘米。叶全缘。落叶树。叶互生。灌木。在日本，该树生长于本州至九州的树林内，栽培于庭园。在中国，分布于河南、江苏、浙江、安徽等地。可药用。

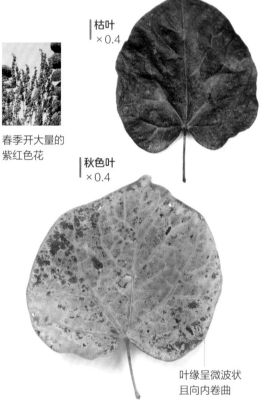

枯叶
×0.4

春季开大量的
紫红色花

紫荆 *Cercis chinensis*

叶片稍大，呈近圆的心形。叶在秋天变成黄色至红色，而后凋落。不分裂叶。叶片长5～10厘米，叶柄长3～4厘米。叶全缘。落叶树。叶互生。灌木或小乔木。原产于中国，全国各地广泛栽培。在日本，栽培于庭园和公园。其皮、果、木、花均可入药，但种子有毒。

秋色叶
×0.4

叶缘呈微波状
且向内卷曲

互生
叶交错着生于枝上

对生
叶相对着生于枝上

轮生
叶环列于枝上

簇生
叶聚集在一起生于枝上

叶先端尾尖

叶缘具细小重锯齿

宽椭圆形

常栽植于日本校园

枯叶
×0.8

秋色叶
×0.8

大树具纵裂纹，小树具
横沟，均为其明显特征

冬芽

东京樱花 *Prunus × yedoensis*

被认为是江户彼岸樱和大岛樱的杂交种，是日本栽种范围最广的一种樱花。不分裂叶。叶片长 7 ～ 11 厘米，叶柄长 2 ～ 3 厘米。叶缘为锯齿状。落叶树。叶互生。乔木。原产于日本。在日本，该树栽培于北海道南部至九州的公园、庭园和路旁。中国各城市公园有栽培。

叶缘具规则
细锯齿

树皮有横沟

秋色叶
×0.9

枯叶
×0.9

日本山樱 ✎ *Prunus jamasakura*

此樱主要生长于低海拔的树林内。叶缘的细锯齿为其最明显的特征。不分裂叶。叶片长 8 ~ 12 厘米，叶柄长 2 ~ 2.5 厘米。落叶树。叶互生。乔木。在日本，该树自然分布于东北至九州，栽培于公园和庭园。该种在中国未见分布。

霞樱 ✎ *Prunus leveilleana*

此樱多生长在寒冷地带的山地和丘陵。叶先端宽，锯齿大。不分裂叶。叶片长 7 ~ 12 厘米，叶柄长 1.5 ~ 2 厘米。落叶树。叶互生。乔木。野生樱花之一。主要分布于朝鲜半岛及日本的北海道、本州、四国，中国也有分布。多种植于庭园、山坡。

叶先端宽

叶缘锯齿大而显眼

秋色叶
×0.6

枯叶
×0.6

树皮

叶缘锯齿大，
叶先端尾尖

秋色叶
×0.5

枯叶
×0.5

树皮

大岛樱 *Prunus speciosa*

此樱非常高大，其叶可用来制
作日本点心樱饼。不分裂叶。叶片
长9～12厘米，叶柄长1.5～3
厘米。叶缘为锯齿状。落叶树。叶
互生。乔木。原产于日本。它是野
生樱花的代表，许多樱花园艺品种
均来源于它。在日本，此樱在其自
然栖息地伊豆诸岛以外的地区也存
在野生种。中国已引种栽培，作庭
园观赏树。

叶缘锯齿大而钝

秋色叶
×0.4

欧洲甜樱桃 *Prunus avium*

结樱桃的樱花树。叶片大且叶
柄长。不分裂叶。叶长6～12厘
米，叶柄长2～7厘米。叶缘为锯
齿状。落叶树。叶互生。乔木。原
产于欧洲及亚洲西部。在日本，该
树栽培于果园和庭园。在中国，东
北、华北等地引种栽培。可作观赏
植物。其果可食用。

枯叶
×0.4

初夏结果

枯叶
×0.8

秋色叶
×0.8

江户彼岸樱 🍃 *Prunus itosakura*

　　叶片细长，侧脉众多。垂枝樱是江户彼岸樱的垂枝品种。不分裂叶。叶片长 3.3 ～ 8.8 厘米，叶柄长 2 ～ 2.7 厘米。叶缘为锯齿状。落叶树。叶互生。乔木。在日本，自然分布于本州至九州。中国已引种栽培，作庭园观赏树。

侧脉众多，
很明显

树皮纵裂

叶先端长尾尖

秋色叶
×0.6

叶片薄，
叶脉具明显皱纹

灰叶稠李 🍃 *Prunus grayana*

　　该树开的花形似刷子。叶片薄软，枯萎后皱缩。不分裂叶。叶片长 8 ～ 11 厘米，叶柄长 0.8 ～ 1.1 厘米。叶缘为锯齿状。落叶树。叶互生。乔木。在日本，该树生长于北海道至九州的树林内。在中国，分布于云南、四川、贵州、湖南等地，可作庭园观赏树。

枯叶
×0.6

树皮

早春开白花

叶缘呈
微波状

叶先端尾尖

秋色叶
×0.8

枯叶
×0.8

梅🍃 *Prunus mume*

　　该树因可观花又可食果，而被广泛栽培。不分裂叶。叶片长5～10厘米，叶柄长2～3厘米。叶缘为锯齿状。落叶树。叶互生。小乔木。原产于中国，各地均有栽培，但以长江以南最多。在日本，该树栽培于庭园、公园和果园。栽培品种众多。

秋色叶
×0.5

春天开桃红色的花

叶缘具细小
单锯齿

细长形

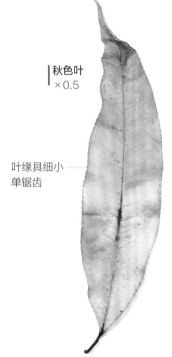

桃🍃 *Prunus persica*

　　除食用桃外，其还有被称为碧桃的观赏品种。不分裂叶。叶片长8～15厘米，叶柄长1～1.5厘米。叶缘为锯齿状。落叶树。叶互生。小乔木。原产于中国，各地均有栽培。在日本，该树栽培于庭园和果园。

树皮

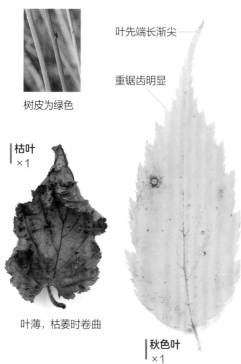

树皮为绿色

叶先端长渐尖

重锯齿明显

枯叶
×1

叶薄，枯萎时卷曲

秋色叶
×1

棣棠 🖉 *Kerria japonica*

　　长而尖的叶先端和较大的叶缘锯齿是该种树叶的特征。不分裂叶。叶片长 3～10 厘米，叶柄长 0.5～1.5 厘米。叶缘为锯齿状。落叶树。叶互生。灌木。在日本，该树生长于北海道南部至九州的林缘，栽培于庭园和公园。在中国，分布于安徽、浙江、江西、福建等多个省区。除可供观赏外，还可药用。

秋色叶
×0.7

叶缘具短重锯齿

侧脉众多，
很明显

枯叶
×0.7

树皮

水榆花楸 🖉 *Sorbus alnifolia*

　　叶片呈菱形至椭圆形，侧脉明显。叶在秋季变黄后凋落。不分裂叶。叶片长 5～10 厘米，叶柄长 1～2 厘米。叶缘为锯齿状。落叶树。叶互生。乔木。在日本，该树生长于北海道至九州的树林内，栽培于公园和庭园。在中国，分布于黑龙江、吉林、辽宁、河北等地。多作庭园观赏树。

秋色叶
×0.7

叶形从深裂
到全缘

树皮

三叶海棠 *Malus toringo*

该树生长于山地和高原，是苹果属植物。树叶在秋季变成黄色至橙色，随后凋落。叶分裂或不分裂。叶片长 3 ~ 10 厘米，叶柄长 1 ~ 3 厘米。叶缘为锯齿状。落叶树。叶互生。灌木。在日本，该树自然分布于北海道至九州，栽培于庭园和公园。在中国，分布于辽宁、山东、陕西、甘肃等省。可作观赏树。

秋色叶
×0.6

宽椭圆形

叶背的毛很明显

苹果 *Malus pumila*

结苹果的树。秋季树叶变黄色至褐色，而后凋落。不分裂叶。叶片长 6 ~ 13 厘米，叶柄长 1.5 ~ 3.5 厘米。叶缘为锯齿状。落叶树。叶互生。乔木。原产于中亚。在日本，该树栽培于寒冷地区的果园和庭园。在中国，辽宁、河北、山西、山东等地常见栽培。

枯叶
×0.6

树皮较白，部分剥落

秋色叶
×0.4

叶先端渐尖

锯齿细

枯叶
×0.4

日本梨的
秋色叶

果实直径为
3 厘米左右

沙梨 *Pyrus pyrifolia*

野生梨。日本梨（*Pyrus pyrifolia* var. *culta*）是其栽培品种。不分裂叶。叶片长 7 ~ 12 厘米，叶柄长 3 ~ 4.5 厘米。叶缘为锯齿状。落叶树。叶互生。乔木。原产于中国，长江流域和珠江流域各地栽培的梨品种多属于该种。在日本，该树野生于本州至九州，栽培于果园和庭园。

日本木瓜 *Chaenomeles japonica*

该树喜在阳光充足的树林内生活。枝刺、秋果和春花均是其识别特征。不分裂叶。叶片长 2 ~ 5 厘米，叶柄长 0.5 ~ 1.3 厘米。叶缘为锯齿状。落叶树。叶互生。灌木。原产于日本，自然分布于本州、九州。在中国，陕西、江苏、浙江的庭园常见栽培。可供观赏。果实可药用。

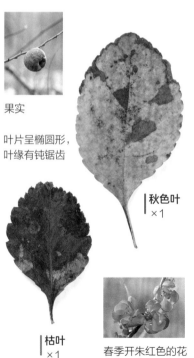

果实

叶片呈椭圆形，
叶缘有钝锯齿

秋色叶
×1

枯叶
×1

春季开朱红色的花

秋季结黄果

刺芒状细锯齿

秋色叶
×0.7

枯叶
×0.7

树皮斑驳

木瓜 🌿 *Pseudocydonia sinensis*

叶片质实，边缘具刺芒状细锯齿。秋天树叶变成朱红色，随后凋落。不分裂叶。叶片长 5 ~ 10 厘米，叶柄长 1 厘米。落叶树。叶互生。灌木或小乔木。在日本，该树栽培于庭园。在中国，分布于山东、陕西、湖北、江西等地。

珍珠绣线菊 🌿 *Spiraea thunbergii*

叶片小而细长。树叶变黄色至橙色后凋落。不分裂叶。叶片长 2 ~ 4 厘米，叶柄长 0 ~ 0.2 厘米。叶缘为锯齿状。落叶树。叶互生。灌木。原产于中国华东地区，山东、陕西、辽宁等地广为栽培。在日本，该树生长于本州至九州，栽培于庭园和公园。

细锯齿

枯叶
×1

叶片的宽度具有变异性

秋色叶
×1

秋色叶

粗锯齿 ·········

形状接近菱形

秋色叶
×1

枯叶
×1

春季开大量白色小花

树皮

麻叶绣线菊 🌿 *Spiraea cantoniensis*

　　就叶片而言，它与珍珠绣线菊的不同之处在于其叶更宽，锯齿更粗。不分裂叶。叶片长 1.5 ~ 5 厘米，叶柄长 0.2 ~ 1 厘米。落叶树。叶互生。灌木。原产于中国，分布于广东、广西、福建、浙江、江西，河北、河南、山东等地也有栽培。在日本，该树栽培于庭园和公园。

火棘属 🌿 *Pyracantha* spp.

　　本属共 10 种，多分布于亚洲东部至欧洲南部。中国有 7 种，如火棘（*Pyracantha fortuneana*）、窄叶火棘（*Pyracantha angustifolia*）、细圆齿火棘（*Pyracantha crenulata*）等。产于亚洲西部的有欧亚火棘（*Pyracantha coccinea*），中国已引种栽培。火棘的杂交种也有很多，仅凭落叶难以分辨。不分裂叶。叶片长 2 ~ 7 厘米。叶全缘或有锯齿。常绿树。叶互生。灌木。

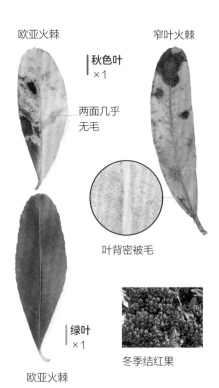

欧亚火棘

窄叶火棘

秋色叶
×1

两面几乎
无毛

叶背密被毛

绿叶
×1

冬季结红果

欧亚火棘

钝锯齿

秋色叶
×0.8

椭圆形

绿叶
×0.8

紫黑色果实

石斑木 🍃 *Rhaphiolepis indica*

　　叶片圆润厚实。老叶变成橙色后凋落。不分裂叶。叶片长 4 ～ 10 厘米，叶柄长 0.5 ～ 2 厘米。叶全缘或有锯齿。常绿树。叶互生。灌木。在日本，该树自然分布于东北南部至冲绳的海岸附近，栽培于公园、路旁和庭园。在中国，分布于安徽、浙江、江西、湖南等地。其花有较高的观赏价值，根、叶可入药，木材可制器具。

枇杷 🍃 *Eriobotrya japonica*

　　叶片较大，质感粗糙。花于冬季绽放。不分裂叶。叶片长 15 ～ 30 厘米，叶柄长 0 ～ 1 厘米。叶缘为锯齿状。常绿树。叶互生。小乔木。原产于中国。在日本，该树野生于本州至九州，栽培于果园和庭园。在中国，分布于甘肃、陕西、河南、江苏等多个省区。多作为果树栽培，还可供观赏。

绿叶
×0.5

叶背密被毛

秋色叶
×0.5

叶脉凹陷，
表面凹凸不平

花

绿叶
×1

质地坚硬

叶缘具浅
硬锯齿

秋色叶
×1

树皮

光叶石楠 ✿ *Photinia glabra*

    叶片为红色，呈长椭圆形，质实。不分裂叶。叶片长 7 ~ 12 厘米，叶柄长 1 ~ 1.5 厘米。叶缘为锯齿状。常绿树。叶互生。灌木或小乔木。在日本，该树自然分布于东海[①]至九州，栽培于庭园。在中国，分布于安徽、江苏、浙江、江西、湖南等地。多栽培作庭园树。绿篱中常见的为其杂交种红叶石楠（*Photinia* × *fraseri*）。

[①] 东海：这里指的是东海地方，是日本地域中的一个大区域概念。包括日本的爱知县、岐阜县、三重县和静冈县。

掌叶覆盆子 ✿ *Rubus chingii*

    一种生长在山野中的悬钩子。其分裂叶形似枫叶。叶片长 3 ~ 7 厘米，叶柄长 3 ~ 4.5 厘米。叶缘为锯齿状。落叶树。叶互生。灌木。在日本，该树生长于北海道至九州的林缘。在中国，分布于江苏、安徽、浙江、江西、福建、广西。可食用及药用。

秋色叶
×0.8

不同叶片的长度和分裂深浅差别很大

初夏结橙色果实

枝干具刺

秋色叶
×0.7

叶片变成暗黄绿色至暗黄色后凋落

菱形的托叶

秋色叶
×0.7

红色秋果长时间不掉落

野蔷薇 *Rosa multiflora*

一种生长在山野中的野生蔷薇。叶由 3 ~ 4 对小叶构成，落叶时小叶易脱离叶轴。羽状复叶。叶长 6 ~ 14 厘米，小叶长 2 ~ 4 厘米。叶缘为锯齿状。落叶树。叶互生。灌木。在日本，该树生长于北海道至九州的树林内。在中国，分布于江苏、山东、河南等地。

玫瑰 *Rosa rugosa*

叶片厚实，褶皱明显。羽状复叶。叶长 9 ~ 15 厘米，小叶长 3 ~ 5 厘米。叶缘为锯齿状。落叶树。叶互生。灌木。原产于中国华北、日本及朝鲜。在日本，该树生长于北海道至本州北部的海岸，多栽培于庭园、公园和路旁。中国各地有栽培。园艺品种多。观赏效果好，还可食用、药用。

秋色叶
×0.6

叶脉的皱纹明显

枯叶
×0.4

小叶有 3 ~ 4 对

秋季结红果

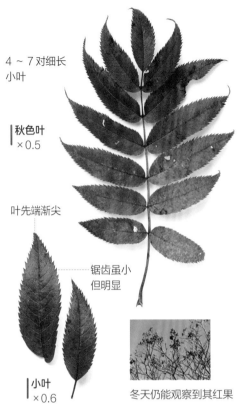

4 ~ 7 对细长
小叶

秋色叶
×0.5

叶先端渐尖

锯齿虽小
但明显

小叶
×0.6

冬天仍能观察到其红果

七灶花楸 *Sorbus commixta*

　　能在山地观察到其落叶。叶于秋季变红后凋落。其红果也是识别特征。羽状复叶。叶长 15 ~ 25 厘米，小叶长 5 ~ 8 厘米。叶缘为锯齿状。落叶树。叶互生。乔木。在日本，该树生长于北海道至九州，多栽培于寒冷地带的路旁和公园。该种在中国未见分布。

胡颓子科

胡颓子 *Elaeagnus pungens*

　　叶片质硬，背面具白毛。老叶变黄后凋落。不分裂叶。叶片长 2 ~ 14 厘米，叶柄长 0.5 ~ 1.2 厘米。叶全缘。常绿树。叶互生。灌木。在日本，该树自然分布于东海至九州，栽培于庭园。在中国，分布于上海、江苏、浙江、福建等地。可供观赏及药用。

绿叶
×0.7

叶背密生白毛，少量褐毛点缀其中

叶缘呈皱波状，反卷

秋色叶
×0.7

枯叶
×0.7

具长刺

干燥后卷曲

鼠李科

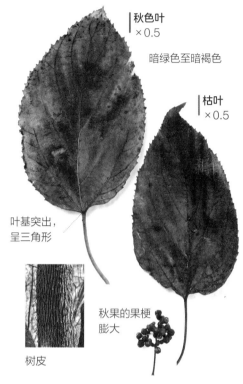

秋色叶
×0.5

暗绿色至暗褐色

枯叶
×0.5

叶基突出，
呈三角形

树皮

秋果的果梗
膨大

北枳椇 *Hovenia dulcis*

叶片大，质薄，呈卵形。其形状特别的果实也是识别特征，通常与叶一起落下。不分裂叶。叶片长10 ~ 20厘米，叶柄长2 ~ 5厘米。叶缘为锯齿状。落叶树。叶互生。乔木。在日本，该树生长于北海道至九州的山谷。在中国，分布于河北、山东、山西、河南、陕西等地，生于次生林中或栽于庭园内。果实可食用。

榆科

榔榆 *Ulmus parvifolia*

叶片小，呈菱形，质厚。不分裂叶。叶片长2 ~ 5厘米，叶柄长0.3 ~ 0.8厘米。叶缘为锯齿状。落叶树。叶互生。乔木。在日本，该树自然分布于中部至冲绳，栽培于路旁。在中国，分布于河北、山东、江苏、安徽等地。可作造林树种，还可供工业用材及药用。

叶片即便枯萎也能
保持厚实的质地

锯齿有棱角

叶形接近菱形

秋色叶
×1

枯叶
×1

冬芽

树皮斑驳，易剥落

秋色叶
×0.7

表面粗糙

树皮

叶片大多左
右不对称

枯叶
×0.7

黑榆✓ *Ulmus davidiana*

　　叶片呈不规则椭圆形，表面
粗糙，叶缘有重锯齿。不分裂叶。
叶片长3～15厘米，叶柄长
0.4～1.2厘米。落叶树。叶互生。
乔木。在日本，该树生长于北海
道至九州的湿地，多栽培于公园。
在中国，分布于东北三省、河北、
安徽等多个省区。可作造林树种，
还可供工业用材。

树皮平滑，大树
的树皮会剥落

锯齿弯尖

榉树✓ *Zelkova serrata*

　　经常能在公园或路旁见到这种
树的落叶。其弯曲的叶缘锯齿易辨
识。不分裂叶。叶片长5～12厘
米，叶柄长0.2～1.2厘米。落叶树。
叶互生。乔木。在日本，该树自然
分布于本州至九州。在中国，分布
于辽宁（大连）、陕西（秦岭）、甘
肃（秦岭）、山东等地，华东地区常
有栽培。该树是观赏秋色叶的优良
树种，还可供药用。

秋色叶
×0.7

枯叶
×0.7

大麻科

秋色叶
×0.9

锯齿为
四角形

树皮具明显
纵沟

表面极其粗糙不平

枯叶
×0.9

糙叶树 *Aphananthe aspera*

其叶与榉树叶相似，但更粗糙，锯齿形状也不同，这些都可作为其识别特征。不分裂叶。叶片长 5 ~ 11 厘米，叶柄长 0.2 ~ 1.2 厘米。落叶树。叶互生。乔木。在日本，该树生长于关东至冲绳的树林内，栽培于公园。在中国，分布于山西、山东、江苏、安徽等地。该树是良好的四旁绿化树种。木材可制农具。

朴树 *Celtis sinensis*

叶表泛光泽，靠近先端的叶缘有锯齿。秋天来临后，树叶变黄后凋落。不分裂叶。叶片长 4 ~ 9 厘米，叶柄长 0.3 ~ 1 厘米。落叶树。叶互生。乔木。在日本，该树生长于本州至九州的树林内。在中国，分布于山东、河南、江苏、安徽等地。可用于绿化，还可供工业用材及药用。

有光泽

秋色叶
×0.8

仅上半部分
有锯齿

树皮呈褐色，
表面粗糙

枯叶
×0.8

桑科

幼树多为分裂叶

叶先端尾尖

秋色叶
×0.4

锯齿大

果实上的雌蕊花柱
很显眼

鸡桑 ❀ *Morus australis*

凭树叶很难将其与桑区别开来。其果实中残留着雌蕊的花柱。叶分裂或不分裂。叶片长 6 ~ 14 厘米，叶柄长 2 ~ 3.5 厘米。叶缘为锯齿状。落叶树。叶互生。灌木或小乔木。在日本，该树自然分布于北海道至冲绳。在中国，分布于辽宁、河北、陕西、甘肃等多个省区。其果可食用，茎皮可造纸，还可供药用。

秋色叶
×0.4

先端短

锯齿钝

也具分裂叶

果实里几乎看不见
雌蕊的花柱

桑 ❀ *Morus alba*

与鸡桑相似，但其果实里的雌蕊花柱几乎不可见。叶分裂或不分裂。叶片长 8 ~ 15 厘米，叶柄长 2 ~ 4 厘米。叶缘为锯齿状。原产于中国中部和北部，现全国各地均有栽培。在日本，该种野生于本州至九州。其叶为蚕饲料，桑葚可食用，木材可制器具。叶、果和根皮均能入药。

叶先端尾尖

锯齿细

秋色叶
×0.3

也具深裂叶

树皮

楮 *Broussonetia monoica*

其叶与桑叶相似，可见于林缘或路旁。叶分裂或不分裂。叶片长 4 ~ 10 厘米，叶柄长 0.5 ~ 1 厘米。叶缘为锯齿状。落叶树。叶互生。在日本，该树自然分布于本州至九州。在中国，分布于台湾及华中、华南、西南各省区。其树皮纤维是优质的造纸原料，还可制人造棉。

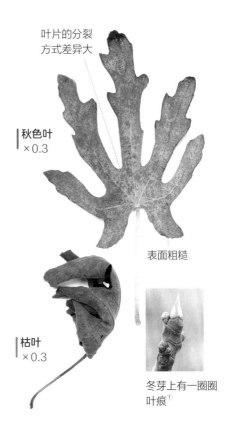

叶片的分裂方式差异大

秋色叶
×0.3

表面粗糙

枯叶
×0.3

冬芽上有一圈圈
叶痕[1]

无花果 *Ficus carica*

叶片厚且大，表面粗糙。秋天，绿叶颜色变暗淡后掉落。分裂叶。叶片长 20 ~ 30 厘米，叶柄长 4 ~ 15 厘米。叶缘为锯齿状。落叶树。叶互生。灌木或小乔木。原产于亚洲西部。在日本，多栽培于果园和庭园。从唐代起就已从波斯传入中国，现南北各地均有栽培，新疆南部尤多。其果可食用，还可入药。

① 叶痕：叶脱落后茎上留下的痕迹，形状因植物的种类而异。

枯叶
×0.6

秋色叶
×0.6

叶缘为波状

几乎无毛

坚果

树皮为灰色，
平滑或斑驳

圆齿水青冈 🍃 *Fagus crenata*

　　叶片呈椭圆形，叶缘为波状。虽与日本水青冈（*Fagus japonica*）的叶片相似，但本树的毛与侧脉更少。不分裂叶。叶片长 4 ~ 9 厘米，叶柄长 0.5 ~ 1 厘米。叶全缘或有锯齿。落叶树。叶互生。乔木。在日本，该树生长于北海道西南部至九州的树林内。该种在中国未见分布。

日本栗 🍃 *Castanea crenata*

　　叶片大而细长，看起来与麻栎叶相似，但其实它们在锯齿形状上有差异。不分裂。叶片长 7 ~ 19 厘米，叶柄长 0.5 ~ 2.5 厘米。落叶树。叶互生。乔木。原产于日本，生长于北海道至九州的树林内，可栽植于果园，其栽培品种较多。中国约于 1910 年前后自朝鲜引进，辽宁、山东、江西及台湾均已引种栽培。果实可食用。

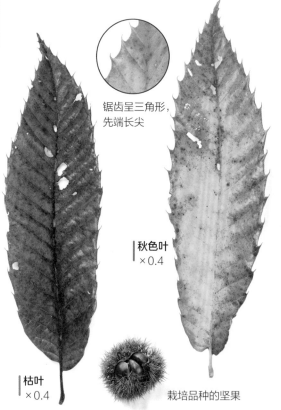

锯齿呈三角形，
先端长尖

秋色叶
×0.4

枯叶
×0.4

栽培品种的坚果

锯齿具芒尖

叶背不白

乔木

树皮具明显
沟纵状裂

冬芽

秋色叶
×0.6

枯叶
×0.6

坚果大且圆

麻栎🌿 *Quercus acutissima*

　　该树常生长于杂树丛中，是一种橡树。不分裂叶。叶片长 8 ~ 15 厘米，
叶柄长 1 ~ 3 厘米。叶缘为锯齿状。落叶树。叶互生。乔木。在日本，该
树自然分布于本州至九州。在中国，分布于辽宁、河北、山西、山东等多个
省区。其果、树皮、叶均可入药，木材可用于建材。全木截成段木后可种植
香菇和木耳。

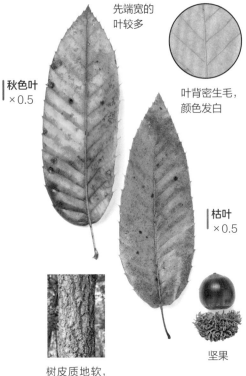

先端宽的
叶较多

秋色叶
×0.5

叶背密生毛，
颜色发白

枯叶
×0.5

树皮质地软，
有弹性

坚果

栓皮栎 *Quercus variabilis*

其落叶、坚果均与麻栎相似，区别在于叶背的颜色和树皮的木栓层。不分裂叶。叶片长 12 ～ 17 厘米，叶柄长 1.5 ～ 3.5 厘米。叶缘为锯齿状。落叶树。叶互生。乔木。在日本，该树生长于东北至九州的树林内，西部地区分布较多。在中国，分布于辽宁、河北、山西、陕西等多个省区。其树皮是中国生产软木的主要原料。

枹栎 *Quercus serrata*

一种橡树。不分裂叶。叶片长 7.5 ～ 10 厘米，叶柄长 1 ～ 1.2 厘米。叶缘为锯齿状。落叶树。叶互生。乔木。在日本，该树自然分布于北海道至九州，栽培于公园。在中国，分布于辽宁（南部）、山西（南部）、陕西、甘肃等多个省区。其木材可用于建材，种子可酿酒和制作饮料，树皮可提取栲胶，叶可饲养柞蚕。

秋色叶
×0.7

树皮

倒卵形叶
占多数

叶柄粗 1 厘米
左右

坚果呈椭圆形

枯叶
×0.7

叶先端与叶缘锯齿钝圆

秋色叶
×0.4

树皮具明显纵裂

坚果

枯叶
×0.4

蒙古枹栎 🌿 *Quercus serrata* subsp. *mongolicoides*

　　仅分布在日本局部地区的一种橡树。其叶和坚果与粗齿蒙古栎相似，而树皮与枹栎相似。不分裂叶。叶片长 10 ~ 20 厘米，叶柄长 0.2 ~ 1.2 厘米。叶缘为锯齿状。落叶树。叶互生。乔木。该树和原产于中国的蒙古栎不是同一种，生长在日本东北至东海的树林内。

秋色叶
×0.4

锯齿粗大

树皮

日本水楢 🌿 *Quercus crispula*

　　一种多生长于山地的橡树。虽与枹栎相似，但其叶的锯齿更粗，叶柄几乎不可见。不分裂叶。叶片长 7 ~ 15 厘米，叶柄长 0.1 ~ 0.5 厘米。落叶树。叶互生。乔木。在日本，生长于北海道至九州的树林内。该种在中国未见分布。

叶柄短

坚果为宽椭圆形

枯叶
×0.4

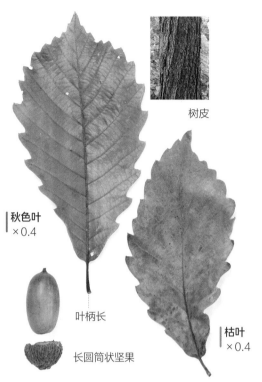

树皮

秋色叶
×0.4

叶柄长

长圆筒状坚果

槲栎 ✔ *Quercus aliena*

　　其叶与槲树叶相似。叶柄长，叶缘锯齿钝。不分裂叶。叶片长12 ~ 30厘米，叶柄长1 ~ 3厘米。落叶树。叶互生。乔木。在日本，该树生长于本州至九州的树林内。在中国，分布于陕西、山东、江苏、安徽等地。其木材坚硬、耐腐，可供建筑、家具等用材。

枯叶
×0.4

槲树 ✔ *Quercus dentata*

　　叶最大的橡树。叶片质感粗糙，毛较多。不分裂叶。叶片长12 ~ 32厘米，叶柄长0.2 ~ 1厘米。叶缘为锯齿状。落叶树。叶互生。乔木。在日本，该树自然分布于北海道至九州，栽培于庭园和公园。在中国，分布于黑龙江、吉林、辽宁、河北等多个省区。其木材可供地板等用材，种子可酿酒和制作饮料，树皮可提取栲胶，叶可饲养柞蚕。

锯齿大
且圆钝

叶背多毛

枯叶
×0.3

秋色叶
×0.3

叶柄短

树皮

坚果

秋色叶
×1

锯齿小

叶片质韧

坚果

绿叶
×0.4

树皮

乌冈栎 *Quercus phillyreoides*

叶片质韧，呈圆形。老叶变黄后凋落。不分裂叶。叶片长 3 ~ 6 厘米，叶柄长 0.5 厘米左右。叶缘为锯齿状。常绿树。叶互生。灌木或小乔木。在日本，该树生长于关东至冲绳的沿海地区，多栽培于庭园和公园。在中国，分布于陕西、浙江、江西、安徽等地。其木材坚硬、耐腐，可供家具、农具等用材。种子可酿酒和制作饲料。

青冈 *Quercus glauca*

一种常绿青冈，叶先端有锯齿。不分裂叶。叶片长 7 ~ 12 厘米，叶柄长 1.5 ~ 2.5 厘米。叶缘为锯齿状。常绿树。叶互生。乔木。在日本，该树生长于东北南部至冲绳的树林内，多栽培于公园、庭园。在中国，分布于陕西、甘肃、江苏、安徽等多个省区。其木材坚韧，可供工具柄等用材。种子可酿酒和制作饲料。树皮、壳斗可制作栲胶。

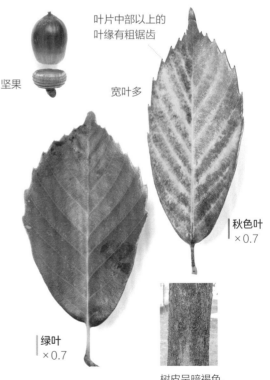

坚果

叶片中部以上的叶缘有粗锯齿

宽叶多

秋色叶
×0.7

绿叶
×0.7

树皮呈暗褐色，粗糙不平

秋色叶
×0.7

锯齿浅钝

树皮

绿叶
×0.7

坚果

小叶青冈 🌿 *Quercus myrsinifolia*

　　常绿青冈的一种。叶片多为细长形，叶缘锯齿浅钝。不分裂叶。叶片长7～14厘米，叶柄长1～2厘米。叶互生。乔木。在日本，该树生长于东北南部至九州的树林内，多栽培于公园、路旁、庭园。在中国分布很广。其木材坚硬，可供建筑、农具、家具、车辆等用材。

白背栎 🌿 *Quercus salicina*

　　一种生长于山地的常绿青冈。如其名，叶背呈白色，粗糙不平。叶片长8～15厘米，叶柄长1～2.5厘米。叶缘为锯齿状。叶互生。乔木。在日本，该树生长于东北南部至冲绳的树林内。在中国，绝大多数分布于台湾，大陆已引种栽培。其木材坚硬，可供建筑、家具、车船等用材。

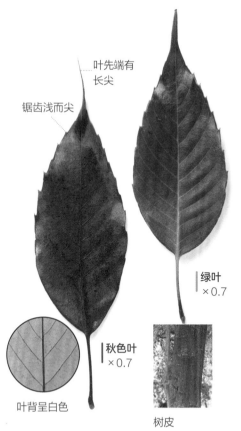

叶先端有
长尖

锯齿浅而尖

绿叶
×0.7

秋色叶
×0.7

叶背呈白色

树皮

叶缘呈微波状，
无明显锯齿

绿叶
×0.6

秋色叶
×0.6

坚果

叶柄长

树皮像鳞片一样
剥落

赤栎 🌿 *Quercus acuta*

其叶是栎树中最大的叶，叶柄
长，叶缘无锯齿。老叶变成黄色至褐
色后凋落。不分裂叶。叶片长 7 ~ 13
厘米，叶柄长 2 ~ 4 厘米。叶全缘。
常绿树。叶互生。乔木。在日本，该
树自然分布于东北南部至九州。在中
国，分布于台湾、贵州、广东。

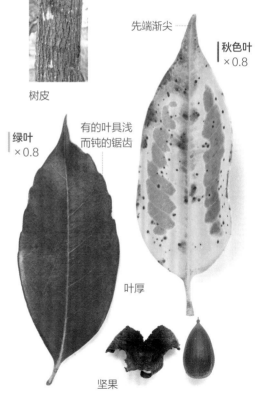

树皮

先端渐尖

秋色叶
×0.8

绿叶
×0.8

有的叶具浅
而钝的锯齿

叶厚

坚果

长果锥 🌿 *Castanopsis sieboldii*

一种多分布于温暖地带的锥属
树木。老叶变黄后凋落。不分裂叶。
叶片长 5 ~ 15 厘米，叶柄约长 1
厘米。叶全缘或有锯齿。常绿树。
叶互生。乔木。在日本，该树生长
于东北南部至冲绳的树林内，多栽
培于公园和庭园。该种在中国未见
分布。

树皮

秋色叶
×0.5

先端微凸

质韧，略泛
光泽

绿叶
×0.5

大坚果形似炮弹

可食柯 *Lithocarpus edulis*

　　叶片大而质韧，呈楔形。老叶变黄后凋落。不分裂叶。叶片长9 ~ 26 厘米，叶柄长1 ~ 2.5 厘米。叶全缘。常绿树。叶互生。乔木。在日本，该树生长于本州至冲绳的树林内，多栽培于公园和路旁。该种在中国未见分布。

杨梅科

杨梅 *Morella rubra*

　　常见于温暖地带。叶先端宽，叶缘呈微波状。不分裂叶。叶片长5 ~ 10 厘米，叶柄长0.3 ~ 0.8 厘米。叶全缘或有锯齿。常绿树。叶互生。乔木。在日本，该树自然分布于关东南部至冲绳，栽培于公园、路旁及庭园。在中国，分布于江苏、浙江、台湾、福建等多个省区。该树多作为果树栽培，具有很高的食用和药用价值。

成年树多为全缘叶

秋色叶
×0.8

微波状

绿叶
×0.8

树皮

胡桃科

5 ~ 9 对

秋色叶
×0.1

小叶
×0.2

锯齿细，不明显

叶背及
叶轴多毛

枯萎时
叶片卷曲

冬芽具形状
独特的叶痕

坚果

胡桃楸 *Juglans mandshurica*

一种野核桃树，成片生长在河边。叶片变黄掉落时，小叶也会脱落。羽状复叶。叶长40 ~ 60厘米，小叶长8 ~ 18厘米。叶缘为锯齿状。落叶树。叶互生。乔木。在日本，该树生长于北海道至九州的河边。在中国，分布于黑龙江、吉林、辽宁、河北、山西。其种子油为高级食用油。果仁可食。树皮纤维可用于制作枪托、车轮等。

桦木科

白桦 *Betula platyphylla*

一种喜生长于寒冷地带的桦树。叶于秋季变黄后凋落。不分裂叶。叶片长5 ~ 9厘米，叶柄长1 ~ 3.5厘米。叶缘为锯齿状。落叶树。叶互生。乔木。在日本，该树自然分布于北海道至中部，栽培于庭园、公园和路旁。在中国，分布于东北、华北、河南、陕西等地。该树是天然林的主要树种之一。易栽培，常作庭园观赏树。其木材可制器具。

白色树皮具"へ"
（日本平假名）字
形枝迹[1]

枯叶
×0.6

秋色叶
×0.6

侧脉与重锯齿
尖端相连

呈近似三角形的卵形

① 枝迹：自茎中分出的维管束，在进入枝中以前仍处于茎内的那一段。

秋色叶
×0.7

锯齿小，不明显

枯叶
×0.7

细长卵形

树皮

日本桤木 🌿 *Alnus japonica*

　　秋季，树叶的绿色变暗淡，随后凋落。不分裂叶。叶片长 5 ~ 13 厘米，叶柄长 1.5 ~ 3.5 厘米。叶缘为锯齿状。落叶树。叶互生。乔木。在日本，该树生长于北海道至冲绳的潮湿地带，多栽培于公园。在中国，分布于吉林、辽宁、河北、山东，江苏北部也有栽培。该树生长迅速，可作造林树种。

果穗在枝头的时间久

秋色叶
×0.5

大大的重锯齿，
形状似山

辽东桤木 🌿 *Alnus hirsuta*

　　叶片呈圆形，叶缘为锯齿状。叶变成暗绿至暗褐色后凋落。不分裂叶。叶片长 8 ~ 15 厘米，叶柄长 1.5 ~ 4 厘米。落叶树。叶互生。乔木。在日本，该树自然分布于北海道至九州。在中国，分布于黑龙江、吉林、辽宁、山东。其木材坚硬，可制家具、农具。

枯叶
×0.5

先端短渐尖

秋色叶
×0.8

全体被毛

枯叶
×0.8

叶柄短

树皮具明显
粗纵纹

昌化鹅耳枥 *Carpinus tschonoskii*

温带落叶林中最常见的鹅耳枥。秋天，叶变成淡黄色后凋落。不分裂叶。叶片长 4 ~ 8 厘米，叶柄长 0.8 ~ 1.2 厘米。落叶树。叶互生。乔木。在日本，该树生长于本州至九州的树林内。在中国，分布于安徽、浙江、江西、四川等地，生长于山坡林中。

疏花鹅耳枥 *Carpinus laxiflora*

与昌化鹅耳枥相比，该树的叶片更小，毛更少。树叶在秋天变黄色至红色，而后凋落。不分裂叶。叶片长 3 ~ 7 厘米，叶柄长 0.3 ~ 1.4 厘米。叶缘为锯齿状。落叶树。叶互生。乔木。在日本，生长于北海道至九州的树林内。该种在中国未见分布。

先端尾尖

几乎无毛

秋色叶
×0.9

枯叶
×0.9

树干纵向凹凸
不平

秋色叶
×0.8

细长卵形

枯叶
×0.8

侧脉多
且平行

树皮

日本鹅耳枥 ✦ *Carpinus japonica*

与昌化鹅耳枥相比，该树的叶更大，更细长，侧脉更多。叶在秋天变黄后凋落。不分裂叶。叶片长 6 ～ 11 厘米，叶柄长 0.8 ～ 1.5 厘米。叶缘为锯齿状。落叶树。叶互生。乔木。原产于日本，生长于本州至九州的树林内。中国国家植物园已引种栽培。

角榛 ✦ *Corylus sieboldiana*

一种榛树，果实呈角状。树叶在秋天变黄色至褐色，随后凋落。不分裂叶。叶片长 5 ～ 11 厘米，叶柄长 0.6 ～ 2 厘米。叶缘为锯齿状。落叶树。叶互生。灌木或小乔木。原产于日本，生长于北海道至九州的林缘。西安植物园已引种栽培。

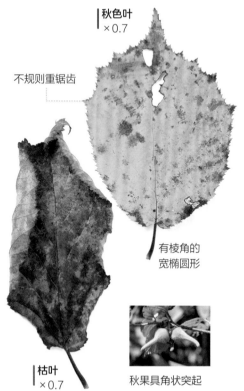

秋色叶
×0.7

不规则重锯齿

有棱角的
宽椭圆形

枯叶
×0.7

秋果具角状突起

卫矛科

卵形，先端尾尖

秋色叶
×1

显眼的红果

叶缘具一
排排小锯齿

枯叶
×1

枝上的木栓翅
大小各异

① 木栓翅：指某些植物茎上由木栓化细胞构
成的翅状物。

西南卫矛 🌿 *Euonymus hamiltonianus*

卫矛的一种，比一般种的叶片更大，
叶柄更长。不分裂叶。叶片长 5 ～ 15 厘
米，叶柄长 0.5 ～ 2 厘米。叶缘为锯齿状。
落叶树。叶对生。灌木或小乔木。在日本，
该树生长于北海道至九州的林缘，栽培于
庭园和公园。在中国，分布于甘肃、陕西、
四川、湖南、湖北等地。

卫矛 🌿 *Euonymus alatus*

叶于秋天变成鲜艳的紫红色后凋
落。枝上有木栓翅[1]，为其识别特征。
不分裂叶。叶片长 1 ～ 9 厘米，叶柄
长 0.1 ～ 0.3 厘米。叶缘为锯齿状。
落叶树。叶对生。灌木。在日本，该
树自然分布于北海道至九州，栽培于
庭园。在中国，除新疆、青海、西藏、
广东、海南及东北地区以外，其余各
省区均有分布。其带木栓翅的枝条可
入药。

秋色叶
×0.8

叶缘具细锯齿

叶片呈卵形，
宽度不一

枯叶
×0.8

树皮

秋色叶
×1

绿叶
×0.5

叶缘具浅
粗锯齿

气生根①攀缘于树上

① 气生根：指由植物地面上的茎或枝生
出的不定根，暴露于空气中而非埋在土
壤或水等介质中生长的根。

扶芳藤 🍃 *Euonymus fortunei*

常见于林内和林缘。叶片小，老叶
变黄后凋落。不分裂叶。叶片长 1.5 ~ 6
厘米，叶柄长 0.3 ~ 1 厘米。叶缘为锯
齿状。常绿树。叶对生。木质藤本。在
日本，该树自然分布于北海道至冲绳。
在中国，分布于江苏、浙江、安徽、江
西等地。多用于园林绿化。其带叶茎枝
可入药。

冬青卫矛 🍃 *Euonymus japonicus*

卫矛的一种，多见于绿篱。叶
变成淡黄色至朱红色后凋落。不分
裂叶。叶片长 5 ~ 11 厘米，叶柄长
0.5 ~ 1.5 厘米。叶缘为锯齿状。常
绿树。叶对生。灌木或小乔木。该
种最先发现于日本，中国后引种栽
培，用于观赏。在日本，该树自然
分布于北海道西南部至冲绳，栽培
于庭园和公园。

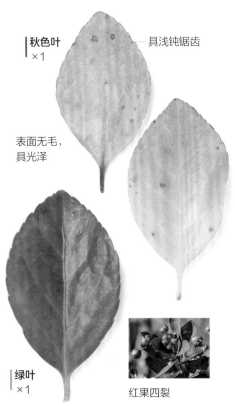

秋色叶
×1

具浅钝锯齿

表面无毛，
具光泽

绿叶
×1

红果四裂

94

枯叶
×0.6

先端短凸尖

叶缘具钝锯齿

晚秋结大量红果

南蛇藤 ✦ *Celastrus orbiculatus*

　　一种叶子与梅叶相似的藤本植物。秋天叶变黄后凋落。不分裂叶。叶片长 3 ~ 10 厘米，叶柄长 1 ~ 2 厘米。叶缘为锯齿状。落叶树。叶互生。木质藤本。在日本，该树自然分布于北海道至九州，栽培于庭园。在中国，分布于黑龙江、吉林、辽宁、内蒙古等多个省区，是中国分布最广泛的树种之一。多用于城市垂直绿化。

秋色叶
×0.6

大戟科

野梧桐 ✦ *Mallotus japonicus*

　　多生于温暖、阳光充足的地方。叶片大，秋天变黄后凋落。叶分裂或不分裂。叶片长 10 ~ 20 厘米，叶柄长 5 ~ 20 厘米。叶全缘或有锯齿。落叶树。叶互生。灌木或小乔木。在日本，该树自然分布于本州至冲绳。在中国，分布于台湾、浙江和江苏。种子可供工业原料，木材可供小器具用材。

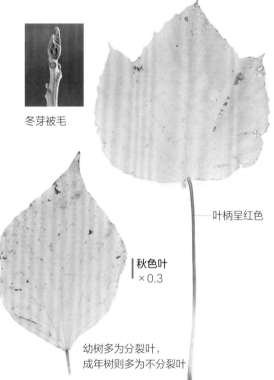

冬芽被毛

叶柄呈红色

秋色叶
×0.3

幼树多为分裂叶，
成年树则多为不分裂叶

叶缘无锯齿

先端长渐尖

枯叶
×0.7

秋色叶
×0.7

宽卵形

树皮

冬天仍可见
其显眼的白色种子

乌桕 🍃 *Triadica sebifera*

落叶呈心形。秋季，树叶染上鲜艳的黄色至红色，随后凋落。不分裂叶。叶片长
3.5～7厘米，叶柄长2～8厘米。叶全缘。落叶树。叶互生。乔木。原产于中国。
在日本，该树多栽培于温暖地带的路旁、公园和庭园。在中国，分布于黄河以南各省
区，北达陕西、甘肃。其树皮、根、叶均可入药。该树还是中国南方重要的工业油料
树种。

杨柳科

先端长尖

|枯叶
×0.7

具细锯齿

枝叶细长下垂

秋色叶
×0.7

树皮

垂柳 Salix babylonica

虽然柳树种类众多，难以识别，但本种的叶片非常细长，易辨识。不分裂叶。叶片长 8 ~ 13 厘米，叶柄长 0.5 ~ 1 厘米。叶缘为锯齿状。落叶树。叶互生。乔木。在日本，多栽培于公园。在中国，分布于长江流域与黄河流域，其他各地均有栽培，多见于水边、路旁。

秋色叶
×0.8

枯叶
×0.8

侧脉弯曲

长长的椭圆形

冬芽

细柱柳 Salix gracilistyla

一种生长在水边的柳树。不分裂叶。叶片长 6 ~ 13 厘米，叶柄长 0.5 ~ 2 厘米。叶缘为锯齿状。落叶树。叶互生。灌木。在日本，该树自然分布于北海道至九州，栽培于庭园。在中国，分布于黑龙江、吉林、辽宁，多栽培用于护堤、观赏、编织等。

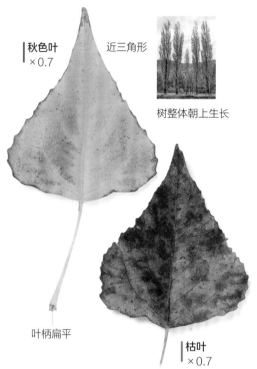

秋色叶
×0.7

近三角形

树整体朝上生长

叶柄扁平

枯叶
×0.7

钻天杨 🌿 *Populus nigra* var. *italica*

　　杨树的一种。树叶在秋天变黄色至褐色后凋落。不分裂叶。叶片长 5 ~ 9 厘米，叶柄长 3 ~ 7 厘米。叶缘为锯齿状。落叶树。叶互生。乔木。原产于欧洲至亚洲中部。在日本，该树多栽培于公园和路旁。在中国，长江、黄河流域各地广为栽培，作行道林和护田林树种。

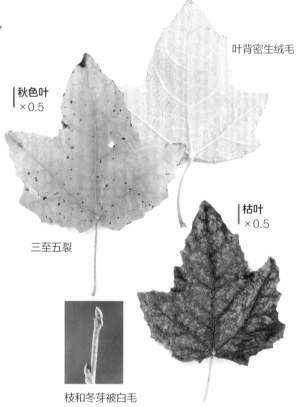

叶背密生绒毛

秋色叶
×0.5

枯叶
×0.5

三至五裂

枝和冬芽被白毛

银白杨 🌿 *Populus alba*

　　叶背因密被毛而呈白色。分裂叶。叶片长 4 ~ 10 厘米，叶柄长 2 ~ 8 厘米。叶缘为锯齿状。落叶树。叶互生。乔木。原产于欧洲至亚洲中部。在日本，该树多栽培于寒冷地区的公园和庭园。在中国，仅新疆（额尔齐斯河）有野生种，辽宁南部、山东、河南等多地有栽培。可作绿化树种。

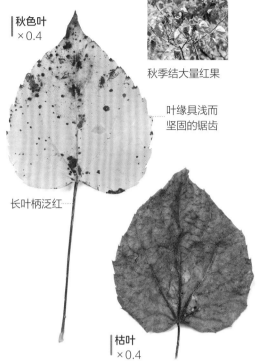

秋色叶
×0.4

秋季结大量红果

叶缘具浅而
坚固的锯齿

长叶柄泛红

枯叶
×0.4

山桐子 *Idesia polycarpa*

　　叶片大，呈三角形，很显眼。秋天叶变黄后凋落。不分裂叶。叶片长 10 ~ 20 厘米，叶柄长 6 ~ 18 厘米。叶缘为锯齿状。落叶树。叶互生。乔木。在日本，该树自然分布于本州至冲绳，栽培于庭园和公园。在中国，分布于安徽、甘肃、河南、陕西等多个省区。其木材松软，可供建筑、家具等用材。

千屈菜科

紫薇 *Lagerstroemia indica*

　　该树有着光滑的树干。不分裂叶。叶片长 3 ~ 6 厘米，几乎无叶柄。叶全缘。落叶树。叶互生或对生。灌木或小乔木。原产于中国，广东、广西、湖南、福建等多地均有生长或栽培。其木材可供建筑、家具等用材，树皮、叶、根可入药。在日本，该树多栽培于庭园、路旁和公园。

秋色叶
×1

无锯齿

椭圆形

枯叶
×1

树皮

秋色叶
×1

无锯齿 ⋯⋯⋯

叶缘呈波状

具光泽

枯叶
×1

果实　　树皮

石榴 ✎ *Punica granatum*

因其多籽的果实而广为人知。秋天树叶变黄后凋落。不分裂叶。叶片长 3 ~ 7 厘米，叶柄长 0.1 ~ 0.5 厘米。叶全缘。落叶树。叶对生。灌木或小乔木。原产于亚洲西部。在日本，该树多栽培于庭园。在中国，该树作为果树广泛栽培。

从细长形到近圆形，叶形随树种发生变化

秋色叶
×0.5

树皮为白色，易剥落

叶片正反两面差别不大

桃金娘科

桉属 ✎ *Eucalyptus* spp.

该属的叶整体厚而平。绿叶带有清爽的香气。不分裂叶。叶片长 2 ~ 25 厘米，叶柄长 0 ~ 2 厘米。叶全缘。常绿树。叶互生或对生。乔木。原产于澳大利亚，约有 600 种。在日本，多栽培于公园。在中国，已引入接近 80 种。其木材优良，用途广泛。

漆树科

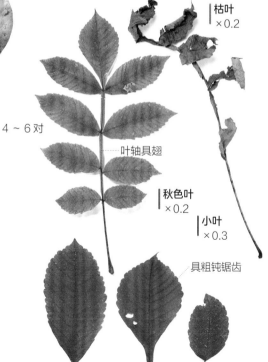

秋色叶
×0.2

黄色至红色

秋色叶在树林内很显眼

以全缘叶居多，也有具锯齿的叶

小叶
×0.3

东方毒漆藤 🍃 *Toxicodendron orientale*

木质藤本植物，可见于树林内。秋天，树叶的颜色变得鲜艳亮丽，随后凋落。三出复叶。小叶长 5 ~ 15 厘米。叶全缘或有锯齿。落叶树。叶互生。在日本，该树生长于北海道至九州的树林内。在中国，主要分布于台湾。

枯叶
×0.2

4 ~ 6 对

叶轴具翅

秋色叶
×0.2

小叶
×0.3

具粗钝锯齿

盐麸木 🍃 *Rhus chinensis*

该树的主要特征为叶轴有翅。秋季，叶从鲜艳的红色变为黄色，随后凋落。羽状复叶。叶长 20 ~ 40 厘米，小叶长 5 ~ 12 厘米。叶缘为锯齿状。落叶树。叶互生。灌木或小乔木。在日本，该树生长于北海道至冲绳的树林内。在中国，除内蒙古、新疆和东北地区外，其余省区均有分布。

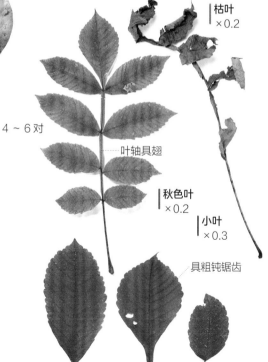

101

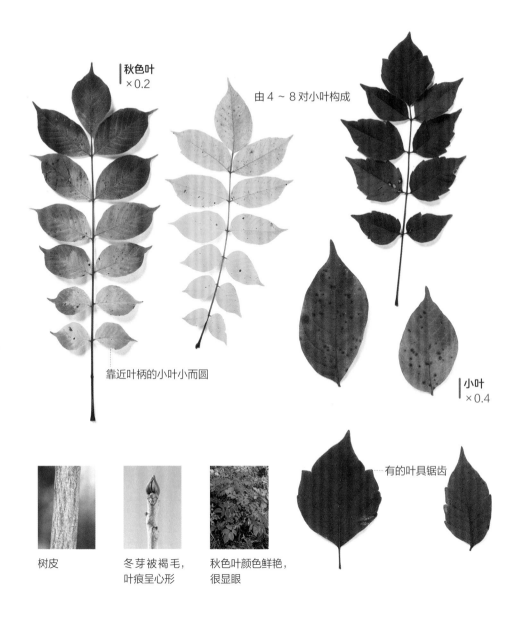

秋色叶
×0.2

由 4 ～ 8 对小叶构成

靠近叶柄的小叶小而圆

小叶
×0.4

有的叶具锯齿

树皮

冬芽被褐毛，
叶痕呈心形

秋色叶颜色鲜艳，
很显眼

毛漆树 *Toxicodendron trichocarpum*

　　树叶于秋天变成漂亮的红色至黄色，而后凋落。树液易引起漆疮。羽状复叶。叶长 25 ～ 40 厘米，小叶长 4 ～ 15 厘米。叶全缘或有锯齿。落叶树。叶互生。灌木或小乔木。在日本，该树生长于北海道至九州的树林内。在中国，分布于安徽、浙江、江西、湖南等地，生长在山坡密林或灌丛中。

裂片细

显眼粗锯齿

秋色叶
×1

枯叶
×1

叶七裂或五裂

树皮

冬芽

鲜艳的秋色叶

树叶刚落时颜色
仍保持鲜艳

鸡爪槭 *Acer palmatum*

　　具有代表性的槭属树种。秋天树叶变成美丽的秋色，随后凋落。分裂叶。叶片长
3～6厘米，叶柄长2～6厘米。叶缘为锯齿状。落叶树。叶对生。小乔木。在日本，
该树自然分布于东北南部至九州，栽培于庭园、公园和路旁。在中国，分布于山东、
江苏、浙江、江西等地，各地广泛栽培，常作行道树和观赏树。

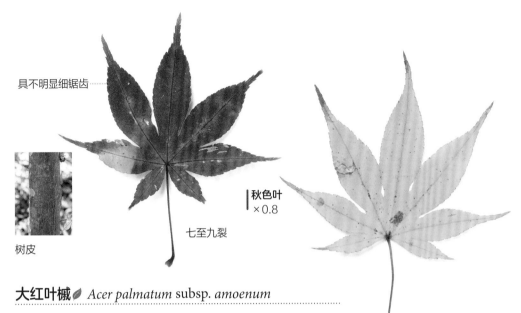

具不明显细锯齿

树皮

秋色叶
×0.8

七至九裂

大红叶槭 ✿ *Acer palmatum* subsp. *amoenum*

比鸡爪槭叶片更大，裂片更宽，锯齿更不明显。分裂叶。叶片长6～8厘米，叶柄长3～6.4厘米。落叶树。叶对生。乔木。原产于日本，分布于北海道至九州，栽培于庭园和公园。中国中北部地区已引种栽培。

小羽团扇槭 ✿ *Acer sieboldianum*

叶片线条圆滑。秋天，树叶变成鲜艳的红色，随后凋落。分裂叶。叶片长4～7.5厘米，叶柄长3～7厘米。叶缘为锯齿状。落叶树。叶对生。乔木。原产于日本，生长于本州至九州的树林内。该种在中国未见分布。

秋色叶
×0.7

七至九裂

叶柄长

叶脉边缘具毛

树叶凋落后颜色能保持一段时间

叶脉凹陷，
形似皱纹

叶柄短

羽扇槭 *Acer japonicum*

叶片大，表面皱纹明显。树叶变成鲜艳的红色后凋落。分裂叶。叶片长6～13厘米，叶柄长2～6厘米。叶缘为锯齿状。落叶树。叶对生。小乔木。原产于日本和朝鲜。在日本，该树生长于北海道至九州的山地，多栽培于庭园和公园。在中国，辽宁、江苏已引种栽培作绿化树种。

枯叶
×0.5

秋色叶

绿色树皮有纹路

五浅裂

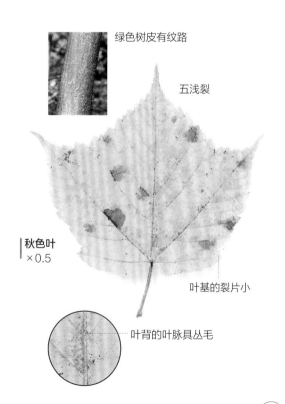

瓜皮槭 *Acer rufinerve*

一种槭树，叶片具3个大尖角。秋天，叶片变黄后凋落。该树的树皮有如瓜皮一般的纹路。分裂叶。叶片长6～15厘米，叶柄长2～6厘米。叶缘为锯齿状。落叶树。叶对生。乔木。原产于日本，分布于本州至九州。中国国家植物园已引种栽培。

秋色叶
×0.5

叶基的裂片小

叶背的叶脉具丛毛

浅三裂

秋色叶
×0.6

绿色树皮具纵纹

一些叶几乎不分裂

山楂叶槭 *Acer crataegifolium*

　　叶片小，浅三裂。叶于秋季变成黄色至橘色后凋落。叶分裂或不分裂。叶片长 4 ~ 8 厘米，叶柄长 1 ~ 3 厘米。叶缘为锯齿状。落叶树。叶对生。小乔木。在日本，该树生长于东北南部至九州的树林内。该种在中国未见分布。

密花槭 *Acer pycnanthum*

　　叶分裂或不分裂。叶片长 2.5 ~ 8 厘米，叶柄长 1.5 ~ 8 厘米。叶缘为锯齿状。落叶树。叶对生。乔木。仅分布于日本部分地区，如长野县、岐阜县、爱知县的湿地。该种在中国未见分布。

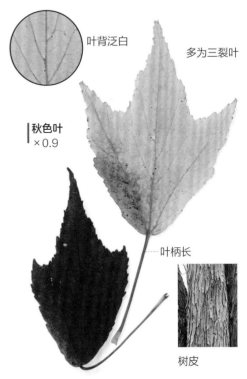

叶背泛白

多为三裂叶

秋色叶
×0.9

叶柄长

树皮

秋色叶
×0.4

五至七裂

裂片的宽度及其分裂的
深浅具变异性

枯叶
×0.4

树皮

色木槭 *Acer pictum*

　　叶片大，叶缘无锯齿。叶形差异大。分裂叶。叶片长 7 ～ 13 厘米，叶柄长 3 ～ 12 厘米。叶全缘。落叶树。叶对生。乔木。在日本，该树自然分布于北海道至九州的山地，栽培于公园。在中国，分布于东北、华北和长江流域各省。该树是北方秋天重要的观叶树种。其木材可供家具、乐器、建筑等用材。

三角槭 *Acer buergerianum*

　　一种经常能在公园内见到的槭树。秋天，叶片变成美丽的红色或橙色后凋落。分裂叶。叶片长 3 ～ 8 厘米，叶柄长 2 ～ 6 厘米。叶全缘或有锯齿。落叶树。叶对生。乔木。原产于中国。在日本，该树多栽培于路旁、公园和庭园。在中国，分布于山东、河南、江苏、浙江等地。宜作庭荫树、行道树及护岸树，也可栽作绿篱。

秋色叶
×0.7

叶以全缘居多，
有的具锯齿

三裂

树皮纵向剥裂

秋色叶
×0.3

冬芽被毛

具粗钝锯齿

由3片小叶构成

叶柄多毛

小叶
×0.3

毛果槭 *Acer nikoense*

秋季，叶片染上美丽的暗红色，而后凋落。三出复叶。小叶长 5 ~ 11 厘米，叶柄长 3 ~ 10 厘米。叶缘为锯齿状。落叶树。叶对生。乔木。在日本，该树生长于北海道南部至九州的山地，多栽培于庭园。在中国，分布于浙江西北部、安徽南部、江西北部和湖北西部。

秋色叶
×0.5

具浅钝锯齿

叶基弯曲，呈心形

二柱槭 *Acer distylum*

一种在山地生长的槭树，其叶片大，呈心形。树叶于秋季变成鲜艳的黄色后凋落。不分裂叶。叶片长 7 ~ 18 厘米，叶柄长 3 ~ 8 厘米。叶缘为锯齿状。落叶树。叶对生。乔木。在日本，分布于东北至近畿。该种在中国未见分布。

枯叶
×0.5

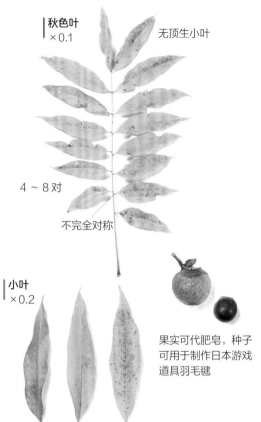

秋色叶
×0.1

无顶生小叶

4 ~ 8 对

不完全对称

小叶
×0.2

果实可代肥皂，种子可用于制作日本游戏道具羽毛毽

无患子 *Sapindus mukorossi*

该树具较大的羽状复叶。秋天，叶片变黄后凋落。其黑硬的种子也可作为识别特征。叶长 30 ~ 70 厘米，小叶长 7 ~ 20 厘米。叶全缘。落叶树。叶互生。乔木。在日本，该树生长于关东至冲绳的树林内，多栽培于寺院、神社和公园。在中国，分布于东部、南部至西南部，各地庭园常见栽培。其根、果可入药。

日本七叶树 *Aesculus turbinata*

掌状复叶。复叶通常带 7 片小叶。小叶叶片大，即便在落叶时脱落成单片，也很引人注目。小叶长 13 ~ 30 厘米，叶柄长 5 ~ 25 厘米。叶缘为锯齿状。落叶树。叶对生。乔木。原产于日本。在日本，该树自然分布于北海道西部至九州，栽培于路旁和公园。在中国，青岛、上海等城市已引种栽培。

秋色叶
×0.1

由 7 片或 5 片小叶组成

叶缘具锯齿

侧脉明显

无小叶柄

小叶
×0.1

种子大且硬

冬芽表面有黏液

秋色叶
×0.9

┄┄┄ 叶柄具翼叶

枝呈"之"字形
弯折，具刺

秋季结黄果

枳 🍃 *Citrus trifoliata*

　　叶由 3 片小叶和具翼叶的叶柄
组成。枝刺较硬。三出复叶。叶长
3 ~ 5 厘米，小叶长 1.5 ~ 3.5 厘米。
叶全缘或有锯齿。落叶树。叶互生。
灌木。在日本，该树通常栽培作绿
篱或柑橘的嫁接砧木。在中国，分
布于山东、河南、山西、陕西等多
个省区。可入药。

小叶
×1

┄┄┄ 具浅钝锯齿

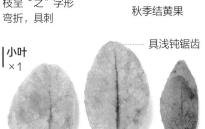

秋色叶
×0.8

锯齿小，
不明显

绿叶
×0.8

香橙 🍃 *Citrus × junos*

　　叶厚纸质，翼叶呈倒卵状椭圆
形。不分裂叶。叶片长 6 ~ 9 厘米，
叶柄长 2 ~ 3 厘米。叶全缘或有锯齿。
常绿树。叶互生。灌木或小乔木。原
产于中国。在日本，该树多栽培于果
园、庭园。在中国，分布于甘肃、陕
西南部、湖北、湖南等地。多作为果
树栽培。

叶柄具阔翼叶

冬天结黄果

秋色叶
×0.7

浅锯齿不明显

叶柄的翼叶非常小

绿叶
×0.7

冬天结橙色果实

温州蜜柑 🍃 *Citrus reticulata* cv. *unshiu*

　　该树有众多品种，果实被称为"温州蜜柑"。不分裂叶。叶片长 6 ~ 15 厘米，叶柄长 1 ~ 2.5 厘米。叶全缘或有锯齿。落叶树。叶互生。灌木。在日本，该树栽培于温暖地带的果园和庭园。中国南方各省广泛栽培。

先端微凸

凹陷的叶脉很显眼

秋色叶
×0.6

枯叶
×0.6

果实

枯叶易卷曲

臭常山 🍃 *Orixa japonica*

　　叶片在秋季变成浅黄色后凋落。不分裂叶。叶片长 5 ~ 13 厘米，叶柄长 0.2 ~ 0.7 厘米。叶全缘。落叶树。叶互生。灌木。在日本，该树自然分布于本州至九州。在中国，分布于河南、安徽、江苏、浙江等地。其果、根、茎可入药。

秋色叶
×0.8

由4～9对
小叶构成

先端微凹

具粗锯齿

小叶
×0.8

揉搓新落之叶,
能闻到香味

枝和干具刺

日本花椒 🌿 *Zanthoxylum piperitum*

该树除在林内自然生长以外,还因其芽和果实可用于制作花椒而被人工栽培。树叶在秋天变黄,凋落时连小叶一并脱落。羽状复叶。叶长5～18厘米,小叶长1～5厘米。叶缘为锯齿状。落叶树。叶互生。灌木。原产于日本、韩国。在日本,该树多栽培于庭园。中国也有分布。

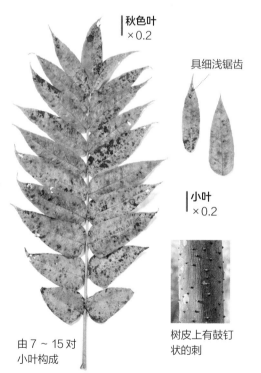

秋色叶
×0.2

具细浅锯齿

小叶
×0.2

树皮上有鼓钉
状的刺

由7～15对
小叶构成

椿叶花椒 🌿 *Zanthoxylum ailanthoides*

叶较大,由多片小叶组成。树干上凸起的刺可作为其识别特征。羽状复叶。叶长35～90厘米,小叶长7～15厘米。叶全缘或有锯齿。落叶树。叶互生。乔木。在日本,该树生长于本州至冲绳的温暖地带的树林内。在中国,分布于浙江、福建、江西、湖南等地。其根皮、树皮可入药。

苦木科

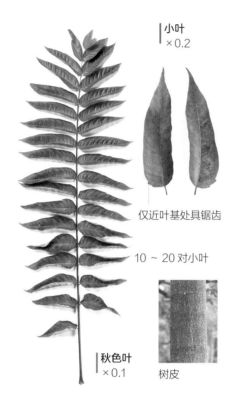

小叶
×0.2

仅近叶基处具锯齿

10 ~ 20 对小叶

秋色叶
×0.1

树皮

臭椿 *Ailanthus altissima*

叶巨大，由许多小叶构成。叶片在秋季颜色变暗淡，随后凋落。羽状复叶。叶长 40 ~ 100 厘米，小叶长 7 ~ 12 厘米。叶全缘或有锯齿。落叶树。叶互生。乔木。该树在日本各地有野生种，多栽培于路旁和公园。在中国，除黑龙江、吉林、新疆、青海、宁夏、甘肃和海南外，各地均有分布。该树在世界各地广为栽培。可作造林树种，也可作园林风景树和行道树。

秋色叶
×0.1

叶缘具
钝锯齿

部分小叶再分裂

小叶
×0.6

冬天仍可见其白果

楝科

楝 *Melia azedarach*

叶片大，二至三回羽状复叶。秋天，树叶变成黄绿色，凋落时小叶同时脱落。叶长 40 ~ 80 厘米，小叶长 3 ~ 6 厘米。叶缘为锯齿状。落叶树。叶互生。乔木。在日本，该树自然分布于关东南部至冲绳，栽培于公园、路旁、寺院和神社。在中国，分布于黄河以南各省区，较常见。其木材可供家具、建筑、乐器等用材。还可供药用。

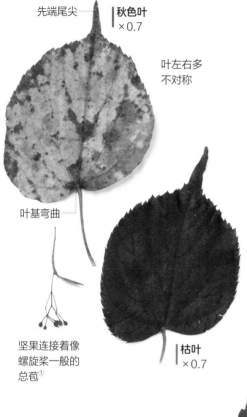

先端尾尖 ……

秋色叶
×0.7

叶左右多
不对称

叶基弯曲

坚果连接着像
螺旋桨一般的
总苞[1]

枯叶
×0.7

华东椴 🖊 *Tilia japonica*

树叶呈不规则的心形。不分裂叶。叶片长 4 ~ 10 厘米，叶柄长 2 ~ 5 厘米。叶缘为锯齿状。落叶树。叶互生。乔木。在日本，该树生长于北海道、本州和九州的山地，栽培于公园。在中国，分布于山东、安徽、江苏、浙江。

①总苞：生于花序下、花序每一分枝下或花梗基部下的变态叶为苞叶，当多枚苞叶呈螺旋状排列并支撑花序时，则称为总苞。

叶背整体密生毛

枯叶
×0.7

锯齿粗 ……

秋色叶
×0.7

南京椴 🖊 *Tilia miqueliana*

虽与华东椴相似，但其叶背多毛。不分裂叶。叶片长 5 ~ 10 厘米，叶柄长 2 ~ 4 厘米。叶缘为锯齿状。落叶树。叶互生。乔木。在日本，该树多栽培于寺院和庭园。在中国，分布于江苏、浙江、安徽、江西、广东。可作行道树。

秋色叶
×0.3

果实

锯齿钝

叶两面被毛

枯叶
×0.3

木芙蓉 *Hibiscus mutabilis*

　　叶片大，五裂。叶表被毛，粗糙不平。分裂叶。叶片长 10～20 厘米，叶柄长 5～15 厘米。叶缘为锯齿状。落叶树。叶互生。灌木。原产于中国湖南，各地均有栽培，为园林观赏植物。在日本，该树野生于关东至九州部分地区，有很多栽培品种。

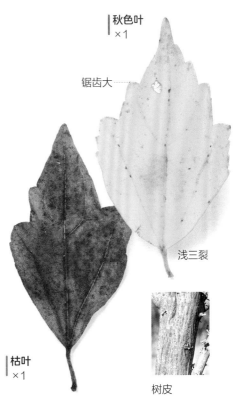

秋色叶
×1

锯齿大

浅三裂

枯叶
×1

树皮

木槿 *Hibiscus syriacus*

　　与木芙蓉同为木槿属植物，多为庭园树。叶瘦长，三裂，形状独特。叶分裂或不分裂。叶片长 4～10 厘米，叶柄长 0.7～2 厘米。叶缘为锯齿状。落叶树。叶互生。灌木。原产于中国中部地区各省，各地均有栽培，为园林观赏植物。在日本，该树多栽培于庭园、公园和路旁。

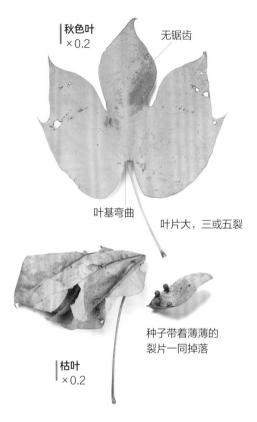

无锯齿

叶基弯曲

叶片大，三或五裂

枯叶
×0.2

种子带着薄薄的
裂片一同掉落

梧桐 *Firmiana simplex*

　　该树具大型分裂叶。其种子与船形薄裂片相连，形态独特，可作为其识别特征。叶片长 16 ～ 22 厘米，叶柄长 15 ～ 20 厘米。叶全缘。落叶树。叶互生。乔木。原产于中国，南北各省均有栽培，多作行道树及庭园绿化观赏树。在日本，该树自然分布于伊豆至冲绳，栽培于公园和路旁。

瑞香科

瑞香 *Daphne odora*

　　不分裂叶。叶片细长，略显卷曲不平。叶片长 4 ～ 9 厘米，叶柄长 0.3 厘米左右。叶全缘。常绿树。叶互生。灌木。原产于中国，各地广为栽培。在日本，该树多栽培于庭园和公园。

秋色叶
×1

细长倒卵形

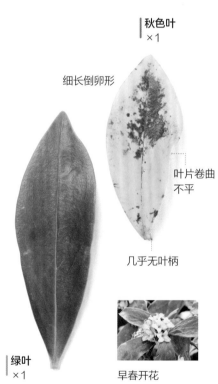

叶片卷曲
不平

几乎无叶柄

绿叶
×1

早春开花

秋色叶
×0.8

细长，呈椭圆形

侧脉弯曲呈弧形，
朝先端伸展

枯叶
×0.8

枝分成三权

结香 🌿 *Edgeworthia chrysantha*

　　该树的每根枝条分成三权。不
分裂叶。叶片长 9 ~ 25 厘米，叶
柄长 0.5 ~ 0.8 厘米。叶全缘。落
叶树。叶互生。灌木。原产于中国。
在日本，本州至九州的庭园和公园
有栽培。全株可入药，茎皮纤维可
做高级纸及人造棉的原料。

檀香科

白果槲寄生 🌿 *Viscum album*

　　寄生植物，球状树。老叶变成
褐色后凋落。冬季，其黄色果实也
易辨识。不分裂叶。叶长 2 ~ 8 厘
米。叶全缘。常绿树。叶对生。灌木。
在日本，该树自然分布于北海道至
九州。在中国，分布于云南、西藏
等地，寄生在樱桃、花楸、核桃、
云南鹅耳枥等植物上。可供药用。

秋色叶
×0.9

叶脉不明显，
两面都很平坦

叶片质韧

绿叶
×0.9

寄生在其他树木上，
呈球状

树皮

锯齿大，
先端呈线状

分枝状侧脉明显

叶基弯曲

秋色叶
×0.4

枯叶
×0.4

珙桐 *Davidia involucrata*

该树叶片大，呈心形，锯齿明显。其日文名"手帕树"取自其形似手帕的白花。不分裂叶。叶片长9～16厘米，叶柄长4～8厘米。叶缘为锯齿状。落叶树。叶互生。乔木。原产于中国，分布于湖北西部、湖南西部、四川以及贵州、云南两省的北部，已被列为中国国家一级保护树种。在日本，该树多栽培于公园和庭园。

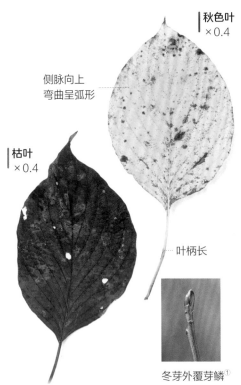

侧脉向上
弯曲呈弧形

秋色叶
×0.4

枯叶
×0.4

叶柄长

冬芽外覆芽鳞①

山茱萸科

灯台树 *Cornus controversa*

该树可见于林内和山谷边。叶片呈阔椭圆形。树叶在秋天变黄后凋落。不分裂叶。叶片长6～15厘米，叶柄长2～5厘米。叶全缘。落叶树。叶互生。乔木。在日本，该树自然分布于北海道至九州，多栽植于公园。在中国，分布于辽宁、河北、陕西、甘肃等地。可作行道树。其果实可榨油。

①芽鳞：指包裹在叶芽或花芽外侧，呈小鳞片状的特殊叶片。

枯叶
×0.5

先端
急尖

冬芽外无芽鳞

枝对生

秋色叶
×0.5

细长椭圆形

叶柄短

梾木 *Cornus macrophylla*

虽与灯台树相似，但其叶片更细长，叶柄更短。如能同时观察到对生的枝和无芽鳞的冬芽，那就八九不离十了。不分裂叶。叶片长6～16厘米，叶柄长1～3厘米。叶全缘。落叶树。叶对生。乔木。在日本，该树自然分布于本州至九州。在中国，分布于山西、陕西、甘肃南部、山东南部等地。其果实可作食用油原料，木材可制家具、农具。

大花四照花 *Cornus florida*

叶片呈椭圆形。其形似洋葱的冬芽也很有特点。不分裂叶。叶片长8～15厘米，叶柄长0.5～2厘米。叶全缘。落叶树。叶对生。小乔木。原产于北美。在日本，该树多栽培于庭园、路旁和公园。中国国家植物园已引种栽培。

侧脉凹陷，叶缘整体呈微波状

叶背泛白

秋色叶
×0.7

枯叶
×0.7

冬芽

先端渐尖

叶背的叶脉
具丛毛

秋色叶
×0.7

山茱萸 *Cornus officinalis*

叶背的毛可作为其识别特征。
不分裂叶。叶片长 4 ~ 12 厘米，
叶柄长 0.5 ~ 1.5 厘米。叶全缘。
落叶树。叶对生。灌木或小乔木。
在日本，该树多栽培于庭园和公
园。在中国，分布于山西、陕西、
甘肃、山东等地。其果实可入药。

细长椭圆形

枯叶
×0.7

早春开花

日本四照花 *Cornus kousa*

叶片呈椭圆形，叶脉弯曲，甚
是显眼。不分裂叶。叶片长 4 ~ 12
厘米，叶柄长 0.2 ~ 0.5 厘米。叶
全缘。落叶树。叶对生。小乔木。
在日本，该树自然分布于本州至冲
绳，栽培于庭园、公园和路旁。在
中国，长江流域各省及河南、山西
等地均有栽培。

秋色叶
×0.7

弯曲的侧脉
很明显

枯叶
×0.7

树皮像鳞片一样剥落

绣球花科

锯齿大

秋色叶
×0.4

几乎无毛

冬芽

枯叶
×0.4

绣球 🌿 *Hydrangea macrophylla*

其绿叶虽厚实，落叶却瘪皱。不分裂叶。叶片长 10 ~ 15 厘米，叶柄长 1 ~ 4 厘米。叶缘为锯齿状。落叶树。叶对生。灌木。在日本，该树自然分布于关东南部至纪伊半岛，栽培于庭园、公园和路旁。在中国，分布于山东、江苏、安徽、浙江等地。现代公园和风景区都成片栽植此树，形成景观。

秋色叶
×0.7

山形大锯齿

近圆形

枯萎后卷曲

冬芽

柴绣球 🌿 *Hydrangea hirta*

一种生长在山野中的绣球花。叶缘的粗大锯齿易识别。树叶在秋天变成美丽的黄色，随后凋落。不分裂叶。叶片长 5 ~ 8.5 厘米，叶柄长 1.2 ~ 4 厘米。叶缘为锯齿状。落叶树。叶对生。灌木。在日本，该树生长于关东至九州的树林内。该种在中国未见分布。

枯叶
×0.7

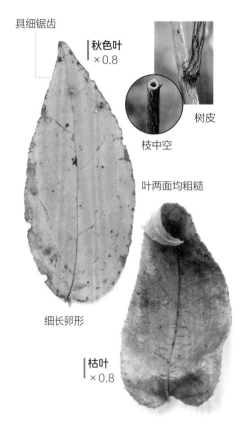

具细锯齿

秋色叶
×0.8

树皮

枝中空

叶两面均粗糙

细长卵形

枯叶
×0.8

五列木科

红淡比 Cleyera japonica

　　老叶变黄后凋落。不分裂叶。叶片长 7 ～ 10 厘米，叶柄长 0.5 ～ 1 厘米。叶全缘。常绿树。叶互生。灌木或小乔木。在日本，该树生长于关东至九州的树林内，多栽培于寺院和神社。在中国，分布于江苏、浙江、江西、福建等地。成片种植该树有很好的景观效果。

齿叶溲疏 Deutzia crenata

　　一种绣球花，常生长在阳光充足的林缘。叶片细长，表面粗糙不平。不分裂叶。叶片长 4 ～ 10 厘米，叶柄长 0.2 ～ 0.7 厘米。叶缘为锯齿状。落叶树。叶对生。灌木。原产于日本。在日本，该树自然分布于北海道南部至九州，栽培于庭园。在中国，安徽、湖北、江苏、山东等地有栽培。该树是常见的优良花灌木，也是花篱和岩石园材料。

先端钝

无锯齿

树皮

秋色叶
×0.8

叶片质韧

绿叶
×0.8

先端基本不尖锐

绿叶
×1

叶柄短，
呈红色

秋色叶
×1

叶片平滑无毛

树皮

厚皮香 *Ternstroemia gymnanthera*

叶片平坦，呈楔形。老叶变红后凋落。不分裂叶。叶片长 4 ~ 6 厘米，叶柄长 0.3 ~ 0.7 厘米。叶全缘。常绿树。叶互生。灌木或小乔木。在日本，该树自然分布于关东南部至冲绳，栽培于庭园和公园。在中国，分布于安徽、浙江、江西、福建等地。其木材可供家具、车辆等用材。

先端微凹

秋色叶
×1

树皮

山形钝锯齿

叶背可见清晰
网状叶脉

绿叶
×1

柃木 *Eurya japonica*

叶片呈窄椭圆形，锯齿明显。老叶变黄后凋落。不分裂叶。叶片长 3 ~ 7 厘米，叶柄长 0.2 ~ 0.4 厘米。叶缘为锯齿状。常绿树。叶互生。灌木或小乔木。在日本，该树生长于本州至冲绳的树林内，多栽培于寺院、神社、庭园。在中国，分布于浙江沿海、台湾等地。该树是蜜源植物。其枝叶可供药用。

侧脉弯曲,斜向上生长

秋季结大量橙果

枯叶
×0.5

秋色叶
×0.5

无锯齿

表面具光泽

冬芽

树皮裂成网状

柿 🍃 *Diospyros kaki*

一种果树,可在庭园和田地见到其身影。叶片变成美丽的橘色至红色后凋落。不分裂叶。叶片长 7 ~ 17 厘米,叶柄长 1 ~ 1.5 厘米。叶全缘。落叶树。叶互生。乔木。原产于中国长江流域,现各地广泛栽培。在日本,该树多栽培于果园。

山茶科

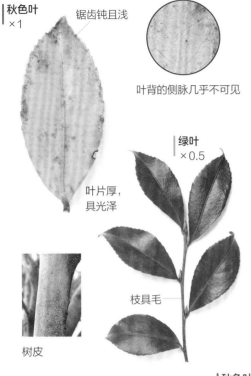

秋色叶
×1

锯齿钝且浅

叶背的侧脉几乎不可见

绿叶
×0.5

叶片厚，
具光泽

枝具毛

树皮

茶梅 *Camellia sasanqua*

山茶属植物。该树有多个栽培品种。不分裂叶。叶片长 4～8 厘米，叶柄长 0.2～0.5 厘米。叶缘为锯齿状。常绿树。叶互生。灌木或小乔木。在日本，该树自然分布于本州山口县、四国、九州，栽培于庭园、公园和路旁。中国有其栽培品种。

山茶 *Camellia japonica*

树叶在掉落后仍能保持硬度和光泽感。不分裂叶。叶片长 6～11 厘米，叶柄长 1～1.8 厘米。叶缘为锯齿状。常绿树。叶互生。乔木。在日本，该树自然分布于本州至冲绳，多栽培于庭园、公园和路旁。在中国，主要分布于四川、台湾、山东、江西等地，全国各地广泛栽培。

具细锯齿

绿叶
×0.7

秋色叶
×0.7

叶硬且具光泽

果实裂成三瓣，
坚硬的种子脱落

冬季开花

冬天开白花

|秋色叶
×0.8

叶脉凹陷

长椭圆形

绿叶
×0.8

果实三裂，
内有坚硬种子

茶 ✿ *Camellia sinensis*

　　被栽培来制作绿茶。其冬花易辨别。不分裂叶。叶片长 5 ~ 9 厘米，叶柄长 0.3 ~ 0.7 厘米。叶缘为锯齿状。常绿树。叶互生。灌木。在日本，多栽培于庭园。在中国，该树自然分布于长江以南各省的山区，栽培范围甚广，是中国重要的经济作物。

红山紫茎 ✿ *Stewartia pseudocamellia*

　　树叶在秋天变成美丽的红色后凋落。树皮很有特点。不分裂叶。叶片长 4 ~ 10 厘米，叶柄长 0.3 ~ 1.5 厘米。叶缘为锯齿状。落叶树。叶互生。乔木。在日本，该树生长于东北南部至九州，多栽培于庭园和公园。中国多地已引种栽培，可供观赏。

|枯叶
×0.8

锯齿浅

|秋色叶
×0.8

叶脉凹陷、
起皱

树皮斑驳

秋色叶
×0.9

树皮呈暗褐色，
具纵纹

············ 锯齿少或没有锯齿

近菱形

枯叶
×0.9

玉玲花 *Styrax obassia*

叶片大而圆。树叶于秋季变黄后
凋落。不分裂叶。叶片长 6 ~ 20 厘
米，叶柄长 1 ~ 2 厘米。叶全缘或有
锯齿。落叶树。叶互生。灌木或乔木。
在日本，该树自然分布于北海道至九
州，栽培于庭园、公园和路旁。在中
国，分布于辽宁东南部、山东、安徽、
浙江、湖北、江西。该树可用于城乡
绿化。其木材可供建筑、器具等用材。

野茉莉 *Styrax japonicus*

可以在树林内见到其菱形落叶。叶
变成淡黄色后凋落。不分裂叶。叶片长
2 ~ 14 厘米，叶柄长 0.3 ~ 1 厘米。
叶全缘或有锯齿。落叶树。叶互生。灌
木或小乔木。在日本，该树自然分布于
北海道至冲绳，栽培于庭园和公园。在
中国分布广泛，北自秦岭、黄河以南，
南至广东和广西北部，东起山东、福建，
西至云南东北部和四川东部。可作庭园
观赏植物。

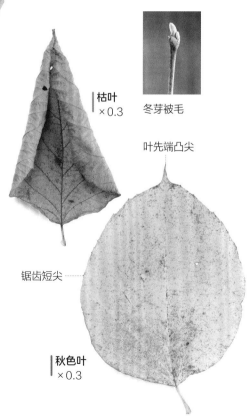

枯叶
×0.3

冬芽被毛

叶先端凸尖

锯齿短尖 ············

秋色叶
×0.3

秋色叶
×0.5

⋯⋯ 叶缘有小锯齿

枯叶
×0.5

花期中，绿叶
会部分变白

葛枣狝猴桃 🍃 *Actinidia polygama*

　　叶片较大，呈卵形。初夏时节，
绿叶会部分变白。不分裂叶。叶片长
6～15厘米，叶柄长2～7厘米。
叶缘为锯齿状。落叶树。叶互生。木
质藤本。在日本，该树自然分布于北
海道至九州的林缘。在中国，分布于
黑龙江、吉林、辽宁、甘肃等省。其
果实除可食用外，还可入药。

⋯⋯ 有锯齿

秋色叶
×0.6

软枣狝猴桃 🍃 *Actinidia arguta*

　　结合果实特征就能将其与葛枣
狝猴桃加以正确区分。不分裂叶。
叶片长6～10厘米，叶柄长2～8
厘米。叶缘为锯齿状。落叶树。叶
互生。木质藤本。在日本，该树自
然分布于北海道至九州。在中国，
从最北的黑龙江岸边至南方广西境
内的五岭山地都有分布。该树既是
观赏树种，又可作为果树栽培。

叶柄呈红色

果实形似狝猴桃

枯叶
×0.6

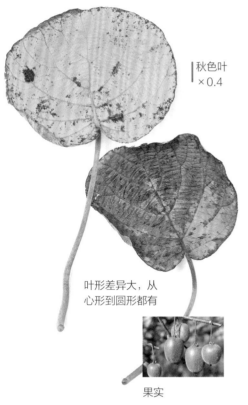

秋色叶
×0.4

叶形差异大，从
心形到圆形都有

果实

中华猕猴桃 *Actinidia chinensis*

　　叶片大，呈近圆形。叶脉凹陷，看起来皱巴巴的。不分裂叶。叶片长 10 ~ 15 厘米，叶柄长 3 ~ 10 厘米。叶缘为锯齿状。落叶树。叶互生。木质藤本。原产于中国，分布于陕西、湖北、湖南、河南等多个省区。在日本，该树多栽培于果园和庭园。除其果实可食用外，整个植株均可入药。

桤叶树科

髭脉桤叶树 *Clethra barbinervis*

　　该树生长在干燥的树林内。叶片呈倒卵形。秋天，树叶变黄色至红色后凋落。不分裂叶。叶片长 6 ~ 15 厘米，叶柄长 1 ~ 4 厘米。叶缘为锯齿状。落叶树。叶互生。小乔木。在日本，该树自然分布于北海道南部至九州，栽培于庭园和公园。在中国，分布于山东、安徽、浙江、江西等省。可作行道树和小区绿化树。

秋色叶
×0.5

锯齿小而锐

枯叶
×0.5

树皮斑驳，如鳞片一般剥落

秋色叶
×1

先端渐尖

树皮

叶柄长1
厘米左右

枯叶
×1

×0.3

三叶杜鹃 *Rhododendron dilatatum*

一种每枝有 3 片叶的杜鹃花。树叶在秋天变橘色后凋落。不分裂叶。叶片长 3 ~ 6 厘米，叶柄长 0.5 ~ 1.2 厘米。叶全缘。落叶树。叶互生。灌木。在日本，该树自然分布于北海道至九州，栽培于庭园和公园。该种在中国未见分布。

小叶三叶杜鹃 *Rhododendron reticulatum*

叶片较三叶杜鹃更小。其相似种多，仅凭叶片难以区分。不分裂叶。叶片长 3 ~ 5 厘米，叶柄长 0.3 ~ 0.5 厘米。叶全缘。落叶树。叶互生。灌木。在日本，该树自然分布于中部至九州的树林内，栽培于庭园。该种在中国未见分布。

×0.5

秋色叶
×1

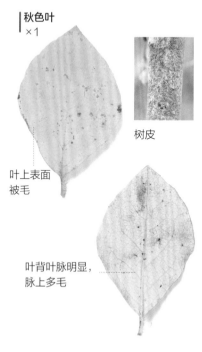

树皮

叶上表面
被毛

叶背叶脉明显，
脉上多毛

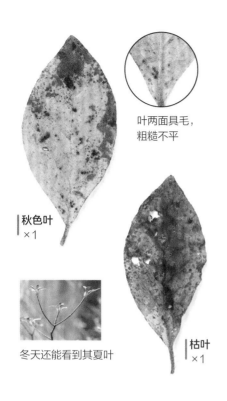

叶两面具毛，
粗糙不平

山杜鹃 🍃 *Rhododendron kaempferi*

　　开朱红色花的杜鹃花。冬季，春叶凋落，小小的夏叶仍留在枝头。不分裂叶。叶片长1~5厘米，叶柄长0.1~0.3厘米。叶全缘。半常绿树。叶互生。灌木。在日本，该树生长于北海道南部至九州的树林内，多栽培于公园和庭园。该种在中国未见分布。

秋色叶
×1

冬天还能看到其夏叶

枯叶
×1

枯叶
×1

毛多，具黏性

秋色叶
×1

粘鸟杜鹃 🍃 *Rhododendron stenopetalum*

　　与山杜鹃相似，不同之处在于其叶与幼枝具黏性。不分裂叶。叶片长3~8厘米，叶柄长0.1~0.3厘米。叶全缘。半常绿树。叶互生。灌木。在日本，该树自然分布于中部至四国，栽培于庭园和公园。该种在中国未见分布。

叶两面均多毛

春叶变色凋落，夏
叶到冬天也不凋落

绿叶（夏叶）
×1

多毛

树皮

夏叶留在枝头过冬

秋色叶（春叶）
×1

春叶较大

皋月杜鹃 *Rhododendron indicum*

一种小型杜鹃花。春叶变色凋落，夏叶能越冬。不分裂叶。叶片长 1 ~ 3 厘米，叶柄长 0.1 ~ 0.2 厘米。叶全缘。半常绿树。叶互生。灌木。原产于日本，自然分布于关东至九州，栽培于庭园、公园和路旁。中国广泛栽培。该树具有较高的园艺价值。

锦绣杜鹃 *Rhododendron × pulchrum*

该树具众多栽培品种。不分裂叶。叶片长 4 ~ 11 厘米，叶柄长 0.3 ~ 0.7 厘米。叶全缘。半常绿树。叶互生。灌木。在日本，该树多栽培于庭园、路旁和公园。在中国，江苏、浙江、江西、福建等地有栽培。

绿叶
×1

长长的椭圆形

两面具毛

较大的春叶变黄后凋落，夏叶则留下越冬

秋色叶
×1

无锯齿

叶缘呈
微波状

秋色叶
×0.8

枯叶
×0.8

树皮有裂纹

小果珍珠花 Lyonia ovalifolia var. elliptica

一种杜鹃花,生长在阳光充足的树林内。树皮上的裂纹可作为其识别特征。不分裂叶。叶片长 4 ~ 10 厘米,叶柄长 0.5 ~ 1.5 厘米。叶全缘。落叶树。叶互生。灌木或小乔木。在日本,该树自然分布于东北南部至九州,栽培于庭园。在中国,分布于台湾等地。

台湾吊钟花 Enkianthus perulatus

树叶在秋天变成鲜艳的红色后凋落。不分裂叶。叶片长 2 ~ 3 厘米,叶柄长 0.2 ~ 0.7 厘米。叶缘为锯齿状。落叶树。叶互生。灌木。在日本,该树自然分布于关东南部至九州,栽培于庭园和公园。在中国,分布于台湾,生长在海拔 1100 ~ 1600 米的栎林林缘。

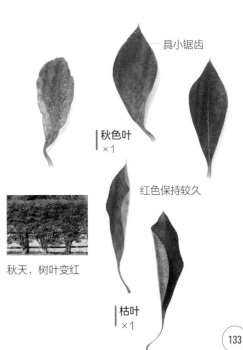

具小锯齿

秋色叶
×1

红色保持较久

秋天,树叶变红

枯叶
×1

秋色叶
×0.9

先端尖

叶脉凹陷，
表面凹凸不平

树皮

果实

越橘属 *Vaccinium* spp.

　　该属种数众多，常作为果树栽培。树叶在秋天变成鲜艳的红色后凋落。不分裂叶。叶片长 3 ~ 8 厘米，叶柄长 0 ~ 0.3 厘米。叶全缘或有锯齿。落叶树。叶互生。灌木。原产于北美。在日本，多栽植于果园和庭园。在中国，分布广泛。有些种的浆果大，有较高的食用价值。

马醉木 *Pieris japonica*

　　一种生长在干燥的树林内的常绿杜鹃花。不分裂叶。叶片长 3 ~ 9 厘米，叶柄长 0.3 ~ 0.6 厘米。叶缘为锯齿状。常绿树。叶互生。灌木或小乔木。在日本，该树自然分布于东北南部至九州，栽培于庭园、公园和路旁。在中国，分布于安徽、浙江、福建、台湾等省，可作切花、盆景、绿篱。

绿叶
×1

先端渐尖

具浅锯齿

秋色叶
×1

早春开花，根据品种
的不同，花色呈白色
或红色

秋色叶
×0.4

叶形和锯齿的大小
具有较大变异性

绿叶
×0.4

冬天结红果

青木 *Aucuba japonica*

春天，老叶变黄后凋落。不分裂叶。叶片长 8 ~ 25 厘米，叶柄长 1 ~ 6 厘米。叶缘为锯齿状。常绿树。叶对生。灌木。在日本，该树自然分布于北海道西南部至冲绳，栽培于庭园和公园。在中国，分布于浙江南部及台湾，可见于园林、公园。

茜草科

栀子 *Gardenia jasminoides*

一种多分布于温暖地带的常绿树。老叶变黄后凋落。果实的形状独特。不分裂叶。叶片长 3 ~ 17 厘米，叶柄长 0.1 ~ 1 厘米。叶全缘。叶对生，三叶轮生。灌木。在日本，该树自然分布于东海至冲绳，栽培于庭园、公园。在中国，分布于山东、江苏、安徽、浙江等多个省区。

秋色叶
×0.9

无毛，
具光泽

叶脉凹陷，
呈波浪形

绿叶
×0.9

橘色果实具棱角

5月左右开白色
小花

秋色叶
× 1

无锯齿

细长椭圆形

绿叶
× 1

六月雪 🌿 *Serissa japonica*

　　一种栽植于庭园的小灌木。该树也有斑叶品种。不分裂叶。叶片长0.5 ~ 2厘米，叶柄长0 ~ 0.2厘米。叶全缘。常绿树。叶对生。在日本，该树多栽培于公园和路旁。在中国，分布于江苏、安徽、江西、浙江等省。该树是既可观叶又可观花的优良观赏植物，也是四川、江苏、安徽盆景的主要树种之一。

鸡矢藤 🌿 *Paederia foetida*

　　多生长于草丛或林缘。秋天树叶变成黄色至橙色后凋落。叶和果实具有独特的气味。不分裂叶。叶片长4 ~ 10厘米，叶柄长1 ~ 5厘米。叶全缘。落叶树。叶对生。草质藤本。在日本，该树自然分布于北海道至冲绳。在中国，分布于陕西、甘肃、山东、江苏等多个省区，可作园林景观中的地被植物。

先端尾尖

秋色叶
× 0.8

秋天结橙果

细长的心形

枯叶
× 0.8

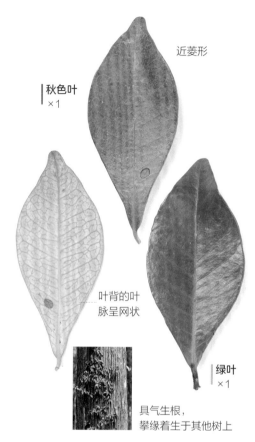

近菱形

秋色叶
×1

叶背的叶
脉呈网状

具气生根，
攀缘着生于其他树上

绿叶
×1

亚洲络石 *Trachelospermum asiaticum*

一种生长在树林内的常绿树。老叶变红后凋落。不分裂叶。叶片长 1 ~ 10 厘米，叶柄长 0.3 ~ 0.7 厘米。叶全缘。叶对生。木质藤本。在日本，该树自然分布于本州至九州，栽培于庭园。在中国，分布于华南、西南至长江流域，北达甘肃。可植为地被、布置花境，也可盆栽观赏。

夹竹桃 *Nerium oleander*

叶片细长且质韧。不分裂叶。叶片长 7 ~ 25 厘米，叶柄长 0.5 ~ 1.5 厘米。叶全缘。常绿树。叶对生或三叶轮生。灌木。原产于地中海沿岸至印度。在日本，该树多栽培于庭园、公园和路旁。中国南方有栽培，常用于绿化、观赏。

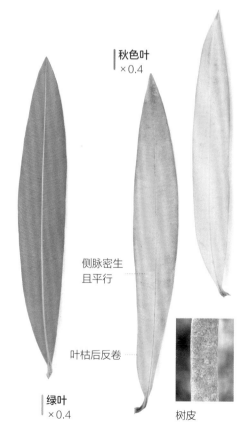

秋色叶
×0.4

侧脉密生
且平行

叶枯后反卷

绿叶
×0.4

树皮

具浅锯齿

秋色叶
×0.3

叶柄短小

小叶
×0.3

树皮

花曲柳 *Fraxinus chinensis* subsp. *rhynchophylla*

　　主要分布于寒冷地带。叶由 2 ~ 4 对椭圆形小叶构成。羽状复叶。叶长 20 ~ 40 厘米，小叶长 5 ~ 15 厘米。叶缘为锯齿状。落叶树。叶对生。乔木。在日本，该树自然分布于东北至中部，栽培于公园。在中国，分布于东北地区和黄河流域各省。

光蜡树 *Fraxinus griffithii*

　　常绿树中少有的羽状复叶树种。老叶变黄后凋落。叶长 12 ~ 25 厘米，小叶长 3 ~ 10 厘米。叶全缘。叶对生。乔木。在日本，该树自然分布于冲绳，栽培于温暖地带的庭园、公园和路旁。在中国，分布于福建、台湾、湖北、湖南等省。其木材可供家具、农具、车辆等用材。

多为 4 ~ 5 对

秋色叶
×0.5

树皮像鳞片
一样剥落

无锯齿

小叶
×0.5

具小叶柄

上半部分具锯齿

无毛

枯叶
×1

花

金钟花 🖊 *Forsythia viridissima*

一种在春天开大量黄花的灌木。不分裂叶。叶片长 6 ~ 10 厘米，叶柄长 0.7 ~ 1.2 厘米。叶全缘或有锯齿。落叶树。叶对生。原产于中国，现各地均有栽培，尤以长江流域一带栽培较为普遍。可入药。在日本，该树多栽培于庭园、公园。

秋色叶
×0.9

呈近似三角形的卵形

花

无毛

欧丁香 🖊 *Syringa vulgaris*

叶片呈近似三角形的卵形。树叶在秋天变黄后凋落。春天开紫花。不分裂叶。叶片长 4 ~ 10 厘米，叶柄长 1 ~ 2.5 厘米。叶全缘。落叶树。叶对生。灌木或小乔木。原产于欧洲。在日本，该树多栽培于庭园和公园。在中国，华北各省普遍栽培，东北、西北以及江苏各地也有栽培。

树皮纵裂

枯叶
×0.9

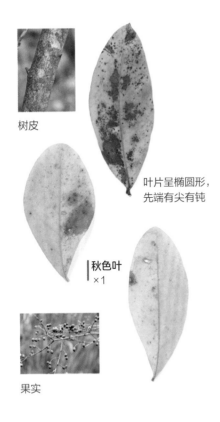

树皮

叶片呈椭圆形，
先端有尖有钝

秋色叶
×1

果实

水蜡树 *Ligustrum obtusifolium*

生长在林内或林缘。叶片小，呈椭圆形。其冬天仍可见的暗紫色果实也可作为识别特征。不分裂叶。叶片长 2 ~ 7 厘米，叶柄长 0.1 ~ 0.2 厘米。叶全缘。落叶树。叶对生。灌木。在日本，自然分布于北海道至九州，多栽作绿篱。中国的辽东水蜡树是其亚种。

日本女贞 *Ligustrum japonicum*

一种生长在温暖地带的树林内的常绿树。老叶变黄后凋落。不分裂叶。叶片长 4 ~ 10 厘米，叶柄长 0.5 ~ 1.2 厘米。叶全缘。叶对生。灌木或小乔木。原产于日本，自然分布于本州至冲绳，栽培于庭园和公园。中国各地有栽培，可作庭园观赏树、绿篱、盆栽，还可入药。

树皮

秋色叶
×0.8

侧脉不明显

质韧

绿叶
×0.8

果实

秋色叶
×0.8

叶片以主脉为对折线，稍向内折

略薄

绿叶
×0.8

侧脉相对清晰

果实

女贞 *Ligustrum lucidum*

虽与日本女贞相似，但两者在叶片大小、厚度和侧脉等方面存在差异。不分裂叶。叶片长 6 ~ 12 厘米，叶柄长 1 ~ 2.5 厘米。叶全缘。常绿树。叶对生。乔木。原产于中国，现广泛分布于长江流域及其以南地区，华北、西北地区有栽培。该树是园林绿化中应用较多的乡土树种。在日本，该树多栽培于公园和路旁。

木犀榄 *Olea europaea*

老叶变黄后凋落。不分裂叶。叶片长 3 ~ 6 厘米，叶柄长 0.2 ~ 0.5 厘米。叶全缘。常绿树。叶对生。小乔木。原产于地中海地区。在日本，该树多栽培于庭园、公园和果园。在中国，长江以南地区有栽培，可修剪作绿篱、绿墙。其果可榨油，供食用，也可制蜜饯。

叶背泛白

秋色叶
×1

叶缘反卷

叶表硬且粗糙

绿叶
×1

树皮

秋色叶
×0.9

弯曲

全缘或有锯齿

树皮上有菱形
裂纹

绿叶
×0.9

丹桂 🍃 *Osmanthus fragrans* var. *aurantiacus*

在秋季绽放香味浓烈的橙花。同种中还包括开白花的银桂（*Osmanthus fragrans* var. *latifolius*）。不分裂叶。叶片长 7 ~ 12 厘米，叶柄长 0.7 ~ 1.5 厘米。叶全缘或有锯齿。常绿树。小乔木。原产于中国西南部，现各地广泛栽培。在日本，该树多栽培于庭园和公园。

秋色叶
×0.8

锯齿大而尖

也具无锯齿的
全缘叶

厚且硬

绿叶
×0.8

树皮

柊树 🍃 *Osmanthus heterophyllus*

叶片大且带刺尖。成年树多为全缘叶。不分裂叶。叶片长 3 ~ 7 厘米，叶柄长 0.7 ~ 1.2 厘米。叶全缘或有锯齿。常绿树。叶对生。灌木或小乔木。在日本，该树生长在关东至冲绳的树林内，多栽培于庭园和公园。在中国，分布于台湾，多栽培供观赏。

秋色叶
×0.8

绿叶
×0.8

硬

树皮

锯齿呈小尖刺状

齿叶木犀 *Osmanthus* × *fortunei*

该树是柊树和银桂的杂交种。其叶比柊树的叶更大，且刺尖锯齿更多。不分裂叶。叶片长 4 ~ 9 厘米，叶柄长 0.4 ~ 1.5 厘米。叶全缘或有锯齿。常绿树。灌木或小乔木。在日本，该树多栽培于庭园和公园。在中国，仅分布于台湾。

细长椭圆形的小叶

冬芽

秋色叶
×1

几乎无小叶柄

迎春花 *Jasminum nudiflorum*

叶片小，3 片小叶为 1 组。大量长条小枝下垂的形态极有特点。三出复叶。小叶长 1 ~ 4 厘米，叶柄长 0.3 ~ 1 厘米。叶全缘。落叶树。叶对生。灌木。原产于中国，现分布于甘肃、陕西、四川、云南西北部、西藏东南部，各地广泛栽培。可供观赏，还可入药。在日本，该树多栽培于庭园和公园。

绿叶
×1

早春开黄花

先端尾尖

枯叶
×0.8

秋色叶
×0.8

有锯齿

叶基沿着
叶柄伸长

秋天结紫果

日本紫珠 ✏ *Callicarpa japonica*

一种林缘灌木。其紫色的秋果易于辨识。不分裂叶。叶片长 6 ～ 13 厘米，叶柄长 0.2 ～ 0.7 厘米。叶缘为锯齿状。落叶树。叶对生。在日本，该树自然分布于北海道至冲绳，栽培于庭园。在中国，分布于辽宁、河北、山东、江苏、安徽等省。可供观赏。

海州常山 ✏ *Clerodendrum trichotomum*

叶柄长，叶形多为三角形。绿叶或新落之叶具有独特的气味。不分裂叶。叶片长 10 ～ 20 厘米，叶柄长 8 ～ 15 厘米。叶全缘或有锯齿。落叶树。叶对生。灌木或小乔木。在日本，该树自然分布于北海道至冲绳。在中国，分布于辽宁、甘肃、陕西以及华北、中南、西南各地。可供观赏。

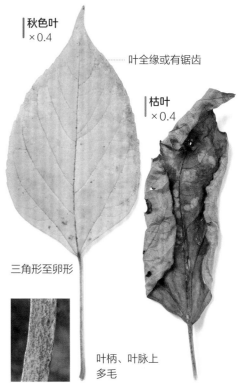

秋色叶
×0.4

叶全缘或有锯齿

枯叶
×0.4

三角形至卵形

叶柄、叶脉上
多毛

树皮

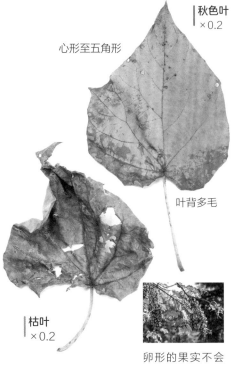

秋色叶
×0.2

心形至五角形

叶背多毛

枯叶
×0.2

毛泡桐 ✿ *Paulownia tomentosa*

　　叶片大，呈多角形。叶分裂或不分裂。叶片长 15 ~ 30 厘米，叶柄长 6 ~ 20 厘米。叶全缘或有锯齿。落叶树。叶对生。乔木。原产于中国，多地有栽培，西部地区有野生种。该树在日本各地有野生种，多栽培于庭园。

卵形的果实不会
过早掉落

冬青科

大柄冬青 ✿ *Ilex macropoda*

　　该树生长于树林内。叶片多呈卵形。秋天树叶变成淡黄色，随后凋落。不分裂叶。叶片长 4 ~ 8 厘米，叶柄长 1 ~ 2 厘米。叶缘为锯齿状。落叶树。叶互生。乔木。在日本，该树自然分布于北海道至九州，栽培于庭园和公园。在中国，分布于长江下游各省及福建等地，可作园林绿化树种。其木材可作细工原料，树皮可提栲胶。

秋色叶
×0.9

具浅锯齿

椭圆形至卵形

枯叶
×0.9

剥开树皮，内部呈绿色，
因此被称为"青肤"（日文名）

秋色叶
×0.9

具柄冬青 🍃 *Ilex pedunculosa*

叶片呈椭圆形，叶缘为波状。
老叶变黄后凋落。不分裂叶。叶片
长 4 ~ 8 厘米，叶柄长 1 ~ 1.5 厘
米。叶全缘。常绿树。叶互生。灌
木或小乔木。在日本，该树生长于
东北南部至九州的树林内，多栽培
于庭园。在中国，分布于陕西、安
徽、浙江、江西等省。可入药。

叶缘呈大
波浪状

秋天结红果

先端圆钝

秋色叶
×1

绿叶
×1

全缘冬青 🍃 *Ilex integra*

叶片呈椭圆形。老叶变黄后凋
落。不分裂叶。叶片长 4 ~ 8 厘米，
叶柄长 0.5 ~ 1.5 厘米。叶全缘或
有锯齿。常绿树。叶互生。小乔木。
在日本，该树自然分布于东北南部
至冲绳，栽培于庭园和公园。在中
国，分布于浙江普陀潮音洞和佛顶
山，可作沿海地区的风景林、防护
林树种，还可作行道树、庭园树。

叶脉不明显

秋天结红果

秋色叶
×0.7

叶片反卷，落叶
的翘曲程度更大

绿叶
×0.7

整体无毛

红果聚在一起生
于枝头

铁冬青 🌿 *Ilex rotunda*

一种在西日本温暖地带的树林
内常见的常绿树。不分裂叶。叶片
长 6 ～ 10 厘米，叶柄长 1.5 ～ 2
厘米。叶全缘或有锯齿。叶互生。
灌木或乔木。在日本，该树自然分
布于关东至冲绳，栽培于庭园、公
园和路旁。在中国，分布于江苏、
浙江、江西、福建等省。其叶和树
皮可入药。

枯叶
×1

具浅锯齿

侧脉不明显

秋色叶
×1

绿叶
×1

树皮

齿叶冬青 🌿 *Ilex crenata*

叶片小，呈椭圆形。老叶变成黄色
至褐色，随后凋落。不分裂叶。叶片长
1 ～ 3 厘米，叶柄长 0.1 ～ 0.2 厘米。
叶缘为锯齿状。常绿树。叶互生。灌木
或小乔木。在日本，该树自然分布于北
海道至九州，栽培于庭园和公园。在中
国，分布于安徽、浙江、江西、福建等
省，常栽培作庭园观赏树。

锯齿坚硬且尖锐

能在新落之叶的背面写字（此处为作者写的日文）

秋色叶
×0.3

冬天结红果

绿叶
×0.3

五福花科

荚蒾 *Viburnum dilatatum*

　　叶片呈圆形至椭圆形，生长于丘陵和山地的树林内。叶片摸起来很粗糙。不分裂叶。叶片长 5 ~ 14 厘米，叶柄长 1 ~ 3 厘米。叶缘为锯齿状。落叶树。叶对生。灌木。原产于中国，分布于浙江、江苏、山东、河南等省。该树可制作盆景，还可入药。在日本，该树生长于北海道西南部至九州的树林内。

大叶冬青 *Ilex latifolia*

　　叶片大，呈椭圆形。叶片受伤就会变色。不分裂叶。叶片长 10 ~ 18 厘米，叶柄长 1.5 ~ 2 厘米。叶缘为锯齿状。常绿树。叶互生。乔木。在日本，该树自然分布于东海至九州，栽培于寺院、神社和庭园。在中国，分布于江苏、安徽、浙江、江西、福建等省。可作庭园绿化树种。

先端凸尖

秋色叶
×0.6

锯齿呈波状

圆形至椭圆形

冬芽

枯叶
×0.6

秋色叶
×0.3

锯齿微钝

叶基弯曲

枯叶
×0.3

树皮

大龟之木 🌿 *Viburnum furcatum*

　　一种拥有大型圆形叶的树，生长于山地树林内。秋天树叶变成黄色至红色，随后凋落。不分裂叶。叶片长 6 ~ 20 厘米，叶柄长 1.5 ~ 4 厘米。叶缘为锯齿状。落叶树。叶对生。灌木或小乔木。在日本，该树自然分布于北海道至九州。该种在中国未见分布。

日本珊瑚树 🌿 *Viburnum awabuki*

　　该树生长于温暖地带的树林内、绿篱中。叶片带有光泽。不分裂叶。叶片长 7 ~ 20 厘米，叶柄长 1 ~ 4.5 厘米。叶全缘或有锯齿。常绿树。叶对生。灌木或小乔木。在日本，该树自然分布于关东南部至冲绳，栽培于庭园和公园。在中国，分布于浙江（舟山）和台湾，长江下游各地常有栽培。

先端凸尖

浅锯齿

秋色叶
×0.6

叶片质韧，
具光泽

绿叶
×0.6

树皮

秋色叶
×0.3

2 ~ 7 对
羽状复叶

小叶
×0.3

先端尾尖

具细锯齿

树皮

无梗接骨木 *Sambucus sieboldiana*

一种可见于林缘的灌木。秋天树叶褪去绿色，而后凋落。羽状复叶。叶长8 ~ 30 厘米，小叶长 4 ~ 12 厘米。叶缘为锯齿状。落叶树。叶对生。在日本，该树自然分布于北海道至九州，栽培于庭园。该种在中国未见分布。

忍冬科

忍冬 *Lonicera japonica*

一种生长于林缘的藤本植物。冬季，仅枝头残留树叶。不分裂叶。叶片长 2.5 ~ 8 厘米，叶柄长0.3 ~ 0.8 厘米。叶全缘。半常绿树。叶对生。木质藤本。在日本，该树自然分布于北海道西南部至冲绳，栽培于庭园。在中国，除黑龙江、内蒙古、宁夏、青海、新疆、海南和西藏外，各省区常有栽培。可入药。

秋色叶
×0.8

长长的椭圆形

绿叶
×0.8

果实

冬季，叶缘反卷，颜色变成红黑色

秋色叶
×1

具浅锯齿

具光泽

对生

绿叶
×0.5

树皮

大花糯米条 🍃 *Abelia × grandiflora*

　　一种多见于树丛的树。老叶在冬天凋落，残留在枝头的叶能越冬。不分裂叶。叶片长2～5厘米，叶柄长0.1～0.3厘米。叶缘为锯齿状。半常绿树。叶对生。灌木。原产于中国，分布于华东、西南及华北地区。在日本，该树多栽培于庭园和公园。

朝鲜锦带花 🍃 *Weigela coraeensis*

　　秋天树叶变黄后凋落。不分裂叶。叶片长8～16厘米，叶柄长0.8～1.5厘米。叶缘为锯齿状。落叶树。叶对生。灌木。在日本，该树自然分布于本州中部地区的海岸，栽培于庭园和公园。在中国，昆明、青岛、南京等多地有栽培。

叶脉凹陷

秋色叶
×0.5

光泽感不强

枯叶
×0.5

树皮

秋色叶
×1

干燥后卷曲

叶缘反卷

枯叶
×1

绿叶
×0.4

海桐 *Pittosporum tobira*

　　叶片硬，呈楔形。老叶变黄后凋落。不分裂叶。叶片长 4 ~ 10 厘米，叶柄长 0.4 ~ 1 厘米。叶全缘。常绿树。叶互生。灌木或小乔木。在日本，该树自然分布于东北南部至冲绳的海岸，栽培于庭园、公园和路旁。在中国，分布于长江以南滨海各省，多供观赏。

五加科

八角金盘 *Fatsia japonica*

　　该树的叶片巨大，分裂叶较多。老叶变黄后凋落。叶长 10 ~ 30 厘米，叶柄长 20 ~ 40 厘米。叶缘为锯齿状。常绿树。叶互生。灌木。原产于日本，生长于关东至冲绳的树林内，多栽培于庭园和公园。在中国，安徽、福建、江苏等地已引种栽培。

秋色叶
×0.2

具锯齿

有光泽

叶片多为七至九裂

绿叶
×0.2

冬天开白花

冬芽

叶缘具不明显的毛状锯齿

秋色叶
×0.4

枯叶
×0.4

日本萸叶五加 *Gamblea innovans*

　　该树的大型叶由 3 片小叶组成。秋天树叶变成黄色至褐色后凋落。三出复叶。小叶长 5 ~ 15 厘米，叶柄长 2 ~ 12 厘米。叶缘为锯齿状。落叶树。叶互生。乔木。在日本，该树生长于北海道至九州的树林内。该种在中国未见分布。

树皮

落叶时小叶有时
不脱落

秋色叶
×0.3

具锯齿

叶片厚实

刺楸 *Kalopanax septemlobus*

　　叶片大且厚，呈掌状。秋天树叶变成暗黄色，随后凋落。枝和干具粗刺。分裂叶。叶长 10 ~ 25 厘米，叶柄长 10 ~ 30 厘米。叶缘为锯齿状。落叶树。叶互生。乔木。在日本，该树自然分布于北海道至冲绳。在中国分布广泛。可供观赏，还可入药。

叶片多为七裂

枯叶
×0.3

冬芽

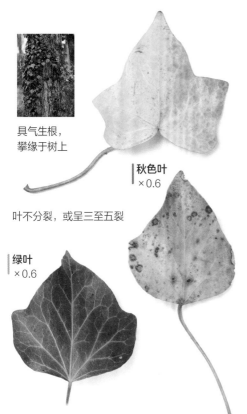

具气生根,
攀缘于树上

秋色叶
×0.6

叶不分裂,或呈三至五裂

绿叶
×0.6

菱叶常春藤 ✦ *Hedera rhombea*

　　一种生长于树林内的藤本植物。与地锦外观相似,但此树为常绿树。叶分裂或不分裂。叶片长3～7厘米,叶柄长1.5～5厘米。叶全缘。叶互生。木质藤本。在日本,该树生长于北海道南部至冲绳的树林内,多栽培于庭园。该种在中国未见分布。

三裂树参 ✦ *Dendropanax trifidus*

　　叶片厚,三裂。老叶变黄后凋落。叶分裂或不分裂。叶片长5～14厘米,叶柄长2～10厘米。叶全缘。常绿树。叶互生。在日本,该树自然分布于东北南部至冲绳,栽培于公园。在中国,分布于台湾。

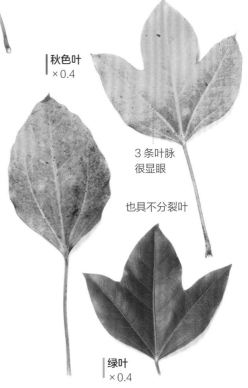

秋色叶
×0.4

3条叶脉
很显眼

也具不分裂叶

绿叶
×0.4

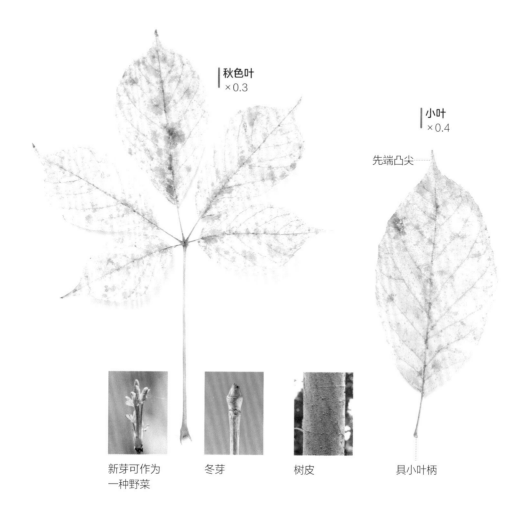

秋色叶
×0.3

小叶
×0.4

先端凸尖

新芽可作为
一种野菜

冬芽

树皮

具小叶柄

日本人参木 *Chengiopanax sciadophylloides*

　　该树的大型叶由 5 片小叶组成。叶变成淡黄色后凋落。掌状复叶。小叶长 10 ~ 20 厘米，叶柄长 10 ~ 20 厘米。叶缘为锯齿状。落叶树。叶互生。乔木。在日本，该树生长于北海道至九州的树林内。该种在中国未见分布。

羽片有 2 ～ 4 对小叶

秋色叶
×0.3

冬芽

新芽是好吃的
野菜

小叶
×0.4

落叶时小叶大多脱落

叶两面均有毛

楤木 🌱 *Aralia elata*

　　该树具有巨大的羽状复叶，生长在明亮的林缘。叶和枝上有锐刺。叶长
50 ～ 100 厘米，小叶长 5 ～ 10 厘米。叶缘为锯齿状。落叶树。叶互生。灌
木或小乔木。在日本，该树自然分布于北海道至九州。在中国，分布于甘肃、
陕西、山西、河北等多省。可供食用及药用。

下篇

了解落叶

（解说篇）

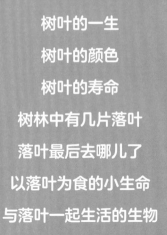

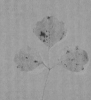

树叶的一生

树有一生，叶也有一生。让我们以枹栎叶（82页）为例，来看看叶的一生吧。春季，枹栎的冬芽萌发。新芽张开，变成柔软的幼叶，然后渐渐变硬，成为成熟的叶。秋季，气温降低，叶的活动变弱，褪去绿色换上秋色。随后，冬季来临，完成使命的树叶便从枝头脱落，成为落叶。落叶是树叶一生中的最后一个阶段。

冬芽

在褐色的芽鳞内侧，已经有几片绿叶蓄势待发（圆形图为冬芽断面图）

发芽

4月22日

芽鳞间隙变大，芽伸长

4月26日

长出红褐色和淡绿色的叶

4月27日

冬芽张开，叶的特征越来越明显

4月29日

幼叶因毛多而泛白

新叶

叶展开后白色消失。像尾巴一样垂下的是雄花。

4月

5月

6月

7月

8月

9月

10月

11月

12月

透光的秋色叶很美

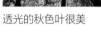

强风吹过时，树叶会随
风大量飘落

这仅是在日本长野县南部观察到的一例。
其发芽、落叶等的时期会根据生长地发
生变化。

成熟叶

8月23日

夏叶坚硬，呈深绿色

▼

10月24日

叶褪去绿色

▼

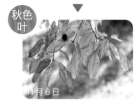
秋色叶

11月6日

叶变成黄色至橘色

▼

11月13日

叶变成茶色，枯萎了

▼

12月5日

叶脱离枝头凋落

▼

枯叶

叶落到地面，干燥后成为枯叶

159

树叶的颜色

秋天，树叶会变成红色或黄色。这就是树叶的变色。植物为什么会变色呢？叶在春秋季节呈现出来的绿色跟其光合作用有关。红色或黄色是标志着树叶约半年的生命迎来尾声的颜色。树叶的颜色搭配随着树种的不同而各不相同。

大红叶槭　　枹栎

绿叶——吸收光能，制造营养

光合作用是在树叶的叶绿体中进行的，叶绿体中含有大量的叶绿素。叶绿素是一种能吸收光能的绿色色素。叶之所以呈绿色，就是因为有这个叶绿素的存在。

初夏的杂树林　抬头一看，天空几乎被密密麻麻的叶子覆盖

连香树

银杏

三桠乌药

多花紫藤

野梧桐

柴绣球

黄叶——隐藏的颜色

　　连香树、银杏等树的秋色叶呈黄色是因为含有被称为类胡萝卜素的黄色色素。类胡萝卜素虽然和叶绿素同时存在于绿叶中，但它的含量只有叶绿素的 1/8，因此叶上完全看不见黄色。秋天，叶在叶绿素被降解后失去绿色，隐藏的类胡萝卜素显现，叶便变成了黄色。

朴树

银杏叶变黄的过程

10月4日

10月18日

10月24日

10月31日

11月6日

11月13日

鸡爪槭

红叶——新生的颜色

　　槭树的叶子之所以会变成鲜艳的红色，是因为一种名为花色素苷的红色色素在发挥作用。秋天，叶柄中会形成一个能阻塞水和养分的运输通道的组织，名为离层。离层形成后，光合作用制造的糖分就会贮存在叶中，转变成花色素苷。叶绿素降解后，叶的绿色变浅，花色素苷的红色显现出来，使叶变成鲜艳的红色。

羽扇槭

三角槭

毛漆树

地锦

台湾吊钟花

七灶花楸

水杉

麻栎   落羽杉

褐叶——深色的秋色叶

　　麻栎、落羽杉等树的秋色叶是褐色的。叶
先变成红色或黄色，不久再变成褐色。褐色的
形成据说是受叶中一种名为栎鞣红的红褐色物
质的影响。

鸡爪槭叶变红的过程

10月24日	11月6日	11月13日
11月17日	11月21日	11月28日

这是在日本长野县南部观察到的一例。叶变色的时期会根据其生长地发生变化。

树叶的寿命

　　落叶树在入冬后树叶凋落，只留下光秃秃的枝和干。而常绿树冬天树上仍有叶子。那常绿树就不落叶了吗？仔细观察就会发现，常绿树只是叶掉落得不太明显而已，它的老叶也会变色并凋落。任何树的叶都有寿命。寿命的长短、落叶的时期及落叶的方式随树种而各不相同。

银杏的落叶

密花槭的落叶

鸡爪槭的落叶

冬天的榉树

落叶树的落叶

　　冬天气温低，叶的光合作用变弱。如果不落叶的话，要保持叶在枝头则需要相应的能量。因此，落叶树选择了在冬天落叶，来年春天再长新叶的方式越冬。从春天到秋天的这段时间就是一片树叶的一生。

山胡椒

槲树

落叶的原理

秋天，叶柄和树枝之间会产生"离层"这一特殊组织。叶的导管和韧皮部被离层封锁，营养和水分开始无法自由传输。渐渐地这部分变得薄弱，从而断裂，叶便从枝头脱落了。

难以掉落的枯叶

像山胡椒或槲树的枯叶是不会马上从树枝上掉落的。枹栎、麻栎等的幼树的枯叶也会在枝头保留许久。

常绿树的变色、落叶

　　常绿树中也有一些树种会在落叶前变成漂亮的秋色。只是，仅有老叶才会变色，绿叶仍留在枝头，因此不会引人注目。常绿树中有像樟、交让木那样在春天迅速落叶的，也有像日本扁柏那样在秋天至第二年春天之间逐渐落叶的，落叶的时期和方式因树而异。

春天，樟的秋色叶

秋天，日本扁柏的秋色叶

春天，樟的落叶

春天，舟山新木姜子的落叶

秋天，具柄冬青的秋色叶

春天，交让木的秋色叶　　秋天，三裂树参的秋色叶

冬天的樟

忍冬

皋月杜鹃

半常绿树

皋月杜鹃和忍冬的做法是去掉根部的老叶，仅在枝头留下少量的叶，以这种状态越冬。因此，它们也被称为半常绿树。

叶的寿命

若将发芽到落叶这段时间算作叶的寿命，那么落叶树的叶的寿命就是从春天到秋天的约半年时间。常绿树的叶的寿命则没有统一的标准。樟大约为 1 年，赤松或黑松约为 2 年，红楠或赤栎是 2 ~ 3 年，日本冷杉是 4 ~ 5 年，舟山新木姜子和罗汉松则分别被发现过 10 年和 17 年的长寿叶。

红楠

樟

赤松

罗汉松

树林中有几片落叶

冬天的树林中有许多落叶。究竟有多少片呢？虽然很难全部数清，但我们可以在小范围内，认真地观察一番。这样的话，大家就能对树林中有哪些落叶、有多少落叶产生一定的把握了。

在林床上设置的落叶收集器

收集器上方的树（最粗的那棵树是麻栎）

10 月到 12 月，在杂树林中放置一个 50 厘米 ×50 厘米的落叶收集器（网），观察落在其中的树叶，按照种类将其分类排列。

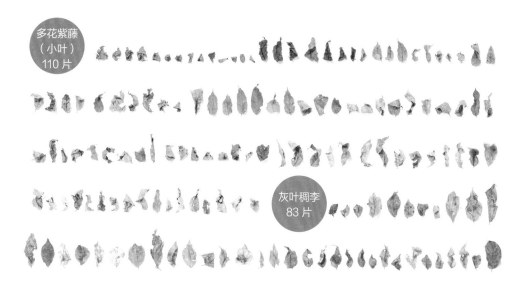

多花紫藤（小叶）110 片

灰叶稠李 83 片

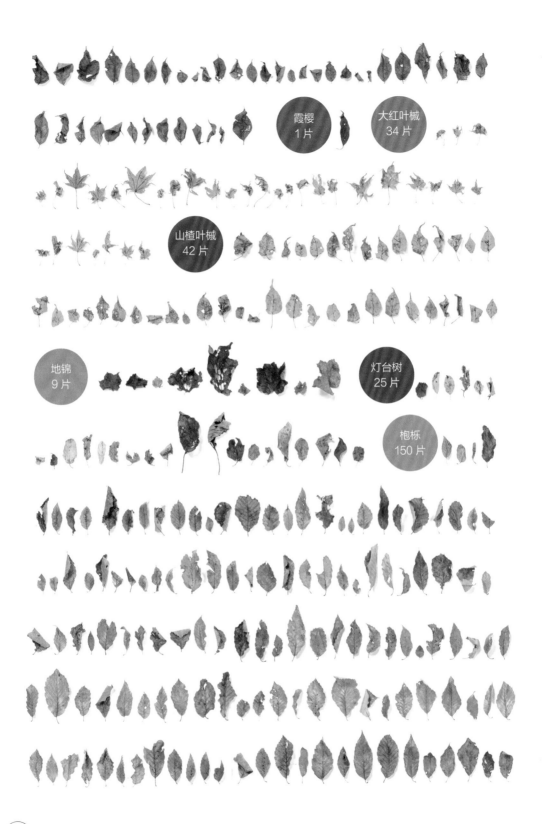

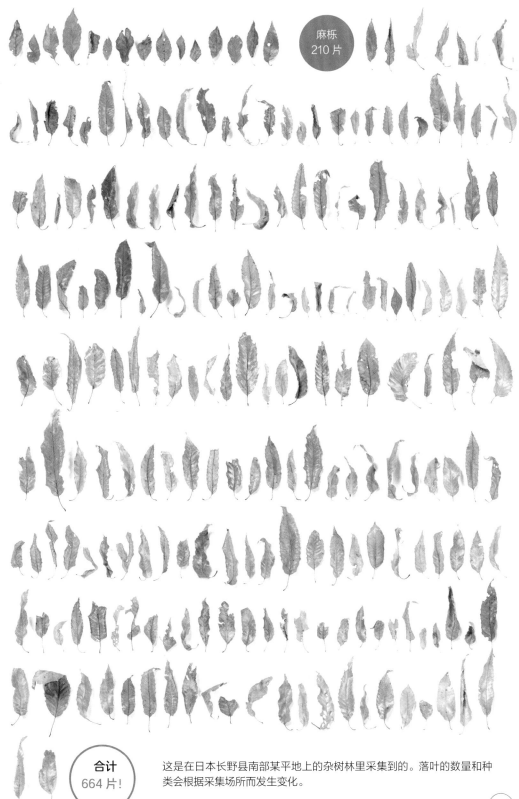

麻栎
210 片

合计
664 片!

这是在日本长野县南部某平地上的杂树林里采集到的。落叶的数量和种类会根据采集场所而发生变化。

落叶最后去哪儿了

从上往下一点点掀开落叶层……

地表的落叶是干燥的

下面是变得潮湿而平坦的落叶

再往下是变得细碎的落叶

这里已经看不见落叶了，土壤里穿插着植物的细根

落叶的下面是怎样的呢？让我们一点点掀开落叶层一探究竟吧。上方的落叶仍能保持完整的形状，但越往下，落叶上的洞就越来越多，逐渐变成了小碎片。再往下便是土壤的世界。挖开土壤一瞧，下层的土壤呈土黄色，而离落叶层较近的上层土壤则呈黑色，里面有许多植物的根。这一层是饱含落叶分解物的黑土层。

包含着大量落叶和其碎片

全黑的土，里面有许多植物的根

黑土和黄土混合在一起

下层是土黄色的土，几乎没有植物的根

这是以长野县某落叶阔叶林的土壤断面为例。土壤的模样会随着场所和环境而发生较大改变。

以落叶为食的小生命

　　落叶即便在树林里积了很厚一层，其数量也会在夏天结束时减少到能看见土壤表面的程度。落叶到底去哪里了呢？这是一些生物在发挥本领。这些生物大多个头很小，不怎么起眼，但通过它们的啃食，大量的落叶被分解至肉眼看不见的程度。树木能通过根吸收这些落叶分解物的养分，再次生长出新叶。

球鼠妇
一种经常能在落叶、石头或朽木的下面见到的动物。它因卷起身体变成球的习性而为人熟知。多在庭园、公园等稍干燥的场所活动。身体长约 1.3 厘米。

食痕

粪便

球鼠妇的落叶分解过程
15 只球鼠妇在 17 天内吃掉了 3 片东京樱花的落叶。

马陆

在落叶下方经常能发现马陆一族的成员。马陆与蜈蚣的不同在于其每个体节上有两对足。

巨蚓科蚯蚓

此种蚯蚓存在于土壤之中、落叶堆下方。以落叶或其他植物性材料为食。

双线蛞蝓

这是最普通的一种蛞蝓。可在地面或树木的间隙中发现其身影。杂食性动物。

粪便

黑脐真厚螺

一种在街上和树林中就能见到的大型蜗牛。以落叶、朽木、霉菌、青苔等为食。

粪便

独角仙的幼虫

可在树林的落叶层或朽木的下方发现它的踪迹。它会排泄出大量的四角形粪便。

爱胜蚓

在潮湿的落叶下能找到它。多在人类住所周围活动。

多节日本带马陆

在落叶边可发现其踪影。身体长约 3 厘米。

锡伯氏尖巴蜗牛

一种小型的薄壳蜗牛。以蔬菜或其他植物的生叶为食。

常见环肋螺

一种身上有许多毛的蜗牛。壳的直径在 2.5 厘米左右。

小左旋芝麻蜗牛

一种超小型蜗牛，能在落叶中发现它的踪影。壳的长度在 0.2 厘米左右。

粗糙鼠妇

相较于球鼠妇，它更多出现在潮湿地带。以落叶等为食，杂食性动物。

球马陆

一种马陆，跟球鼠妇一样能将身体卷成一个球。可以在落叶或朽木下找到它。

日本海蟑螂

是球鼠妇和粗糙鼠妇的近亲。身体长度在 1.3 厘米左右。

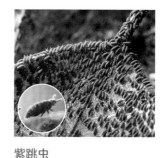

紫跳虫

我们可以观察到它们在落叶上大量聚集的样子。身体长度在 0.1 厘米左右。

左：斑纹圆跳虫

身体长度在 0.2 厘米左右。一种颜色和花纹很漂亮的跳虫。

右：长角跳虫

一种跳虫，其背上长的一团毛很显眼。身体长约 0.2 厘米。

跳虫

体长约 0.2 厘米。跳虫中有以落叶、霉菌或蘑菇为食的物种。

尖棱甲螨科

一种体形小、形状圆、体表光滑的螨虫。以落叶为主食。身体长约 0.1 厘米。

红色天鹅绒螨

一种像天鹅绒般的红色螨虫。身体长约 0.3 厘米。以其他小型生物为食。

阴曹开侬丽赤螨

这种螨虫全身都沾满了垃圾。身体长约 0.3 厘米。

紫丁香蘑

菌盖的直径为 6 ～ 10 厘米。菌类也是落叶的重要分解者。

棒柄瓶杯伞

这种蘑菇最常见于赤松所在的树林下。菌盖的直径为 3 ～ 7 厘米。

高大环柄菇

此蘑菇身高很高，能达到 30 厘米。生长在阳光充足的树林内。

安络小皮伞

菌盖的直径约 1 厘米。在森林中有各种各样的蘑菇在分解着落叶。

红色疣跳虫

身上有红色突起的跳虫。身体长约 0.2 厘米。

与落叶一起生活的生物

　　生物利用落叶的方式都各具特色：有用落叶来制作巢或蓑衣的生物；也有变得跟落叶一模一样，企图借此逃脱天敌之手的生物。大量堆积的落叶层下方也可以作为许多生物度过严冬或避免干燥的越冬场所。落叶为各种生物创造了栖息环境。

以落叶
作掩护以保身

核桃美舟蛾
此蛾跟落叶一模一样。卷起的部分是它的翅膀。

淡色鼠李粉蝶
此蝶的翅膀正面虽然呈漂亮的黄色，但当它合上翅膀时，就能变得像枯草一样不起眼。

啡环蛱蝶（幼虫）
一种颜色像枯叶的蝴蝶幼虫。它附在槭树叶上过冬。

电蛱蝶的蛹
该蝶蛹悬挂于枝头，就如同残留在枝上，被虫蛀过的枯叶一般。

枯艳叶夜蛾
翅膀正面呈明艳的橘色，背面是枯叶色。如果它一动不动，则很难被察觉。

利用落叶制作巢或蓑衣

新渡户蓑蛾（幼虫）
一种幼虫被称为蓑虫的蓑蛾。其身上沾满了大型枯叶。

细白带长角蛾（幼虫）
一种小蛾的幼虫。它将落叶切下，粘成一团制作蓑衣。

褐纹石蛾属（幼虫）
一种在水中生活的石蛾。住在落叶蓑衣中，以落叶为食。

驳纹长角蛾（幼虫）
住在落叶碎片做成的蓑衣中。吃的食物也是落叶。

日本希蛛
这种蜘蛛躲在蜘蛛网正中间的落叶中生活。育儿也在那里进行。

日本小姬鼠（巢）
这种姬鼠在巢箱中建造了巢穴，往里面塞了许多落叶。

在落叶下过冬

深山珠弄蝶（幼虫）
将两片落叶合在一起筑巢，在其中过冬。

大紫蛱蝶（幼虫）
附着于堆积在朴树根部的落叶上过冬。

链环蛱蝶（幼虫）
生活在珍珠绣线菊上的蝶类幼虫。它将枯叶先端封住，在其中越冬。

伊锥同蝽
背上有一个心形标记的蝽。在堆积的落叶间过冬。

黑尾大叶蝉
一种叶蝉，身体色彩是鲜艳的黄色。在落叶和土壤之间越冬。

长角卷叶象鼻虫
脖子长的卷叶象的一种。在堆积的落叶间过冬。

龟纹瓢虫
一种小型瓢虫。在堆积的落叶间过冬。

条纹绿蟹蛛
一种全身为鲜艳黄绿色的蜘蛛。在落叶之间越冬。

蜈蚣
与马陆不同，蜈蚣大多为肉食性，它袭击其他昆虫并以之为食。

蚰蜒
一种用自己众多的长足快速移动的动物。

日本姬蠊
一种小型蟑螂，在杂树林的地面或落叶之间生活。

灶马
跟长脚蚱蜢属于同一个目。生活在地面或阴暗的地方。

缘瘤蝎
在落叶、朽木或石头下方等处产卵和育儿。

土蜂科
一种生活在地面上的小型蜂。以植物的种子为食物。

平行毒隐翅虫
一种颜色鲜艳的隐翅虫科的昆虫。它的体液能让人的皮肤发炎。

日本双毛肉伪蝎
一种具有小螯掌的伪蝎目动物。喜欢抓跳虫吃。

笄蛭涡虫
虽然名字中带有"蛭"字，但笄蛭涡虫和蛭其实完全不同。前者以蚯蚓为食。

［日］安田守

　　日本知名自然摄影师。1963 年出生于日本京都。毕业于千叶大学研究生院。曾在日本自由之森学园初中部及高中部担任理科教师，教授生物等科目。现长期居住于长野县拍摄植物、昆虫等自然素材。已出版多部摄影集，如《诞生了！菜粉蝶》《藏起来了！虫儿们》《令人叹为观止的昆虫蜕皮图鉴》等。

［日］中川重年

　　1946 年出生于日本广岛。曾为京都学园大学环境生物学教授，现为神奈川自然环境保护中心特约研究员。主要从事树木生态学、阔叶树选址造林、森林资源利用等方面的研究。著有《日本的树木》（上下册）、《针叶树检索入门》等书。

图书在版编目（CIP）数据

落叶观察手册 /（日）安田守著；（日）中川重年编；吴巧雪译 . — 北京：北京时代华文书局，
2023.9（2025.1 重印）

ISBN 978-7-5699-5000-7

Ⅰ . ①落… Ⅱ . ①安… ②中… ③吴… Ⅲ . ①落叶—手册 Ⅳ . ① Q945.6-62

中国国家版本馆 CIP 数据核字（2023）第 134218 号

北京市版权局著作权合同登记号　图字：01-2020-2192

HIROTTE SHIRABERU OCHIBA NO ZUKAN
Copyright © 2018 Mamoru Yasuda
All rights reserved.
Originally published in Japan in 2018 by IWASAKI Publishing Co., Ltd.
Chinese (in simplified character only) translation rights arranged with IWASAKI
Publishing Co., Ltd. Japan.
Through CREEK & RIVER Co., Ltd. and CREEK & RIVER SHANGHAI Co., Ltd.

拼音书名 | LUOYE GUANCHA SHOUCE

出 版 人 | 陈　涛
责任编辑 | 邢　楠
执行编辑 | 洪丹琦
责任校对 | 李一之
装帧设计 | 孙丽莉
责任印制 | 刘　银　訾　敬

出版发行 | 北京时代华文书局 http://www.bjsdsj.com.cn
　　　　　北京市东城区安定门外大街 138 号皇城国际大厦 A 座 8 层
　　　　　邮编：100011　电话：010-64263661　64261528
印　　刷 | 三河市嘉科万达彩色印刷有限公司　　电话：0316-3156777
　　　　　（如发现印装质量问题，请与印刷厂联系调换）
开　　本 | 787 mm×1092 mm　1/16　　印　　张 | 12　字　　数 | 230 千字
版　　次 | 2023 年 9 月第 1 版　　印　　次 | 2025年 1 月第 6 次印刷
成品尺寸 | 170 mm×240 mm
定　　价 | 88.00 元